物理史话

王渝生 主编

陈敬全——编著

中国科技史话·插画本

THE HISTORY OF SCIENCE AND TECHNOLOGY IN CHINA

U0198280

上海科学技术文献出版社
Shanghai Scientific and Technological Literature Press

图书在版编目（CIP）数据

物理史话/陈敬全编著．—上海：上海科学技术文献出
版社，2019 (2022.9重印)
　　（中国科技史话丛书）
　　ISBN 978-7-5439-7817-1

　　Ⅰ．① 物…　Ⅱ．①陈…　Ⅲ．①物理学史—中国—普及
读物　Ⅳ．① O4-092

中国版本图书馆 CIP 数据核字 (2018) 第 298959 号

"十三五"国家重点出版物出版规划项目

选题策划：张　树
责任编辑：王倍倍　　杨怡君
封面设计：周　婧
封面插图：方梦涵　　肖斯盛

物 理 史 话

WULI SHIHUA

王渝生　主编　陈敬全　编著
出版发行：上海科学技术文献出版社
地　　址：上海市长乐路 746 号
邮政编码：200040
经　　销：全国新华书店
印　　刷：昆山市亭林印刷有限责任公司
开　　本：720×1000　1/16
印　　张：7.75
字　　数：107 000
版　　次：2019 年 4 月第 1 版　2022 年 9 月第 4 次印刷
书　　号：ISBN 978-7-5439-7817-1
定　　价：38.00 元
http://www.sstlp.com

目录
Contents

古代力学知识

力学是研究宏观物体机械运动规律的一门科学。我国是世界上最早进入农业时期的国家之一。农耕技术的发达、都邑建筑的兴造、冶炼技术的发展和铁制工具的出现，以及各种原动力和简单机械的广泛应用，导致了力学知识的产生和发展。

在我国古代，力学知识相当丰富，在对力和势、物体的运动、简单机械和流体力学等方面的认识都有翔实的记载。

对力和势的认识

中国古人已经有了力和势的概念，并用它们来说明力学现象。我们的祖先很早就触及了惯性现象，并在生活和生产活动中巧妙地利用重心和平衡。

1. 关于力的定义

墨家最早指出："力，刑之所以奋也。"这里的"刑"同"形"，指物体；"奋"字在古籍中意是多方面的，像由静到动、动而愈速、由下上升等都可以用"奋"字。上述定义的意思就是说：力是使物体由静而动、动而愈速或由下而上的原因。《墨经》这一条的《说》还进一步指出："力，重之谓，下、举，重奋也。"意思是物体的重量也就是一种力的表现，物体下坠、上举都是基于重的作用，也就是用力的例子。古代一直把重量单位如"钧""石"等作为力的量度单位，说明力的概念是被广为接受的。

在汉朝,已经有了合力的初步概念。《淮南子·主术训》说："积力之所举,则无不胜也""力胜其任,则举之者不重也"。"积力"即合力。又说:"夫举重鼎者,力少而不能胜也,及至其移徙之,不待其多力者。"古人认识到,移动一个物体比举起它所需要的力要小。明朝的茅元仪在《武备志》中明确提出了合力概念:"合力者,积众弱以成强也。今夫百钧之石,数十人举之而不足,数人举之而有余,其石无加损,力有合不合也。故夫堡多而人寡者必并,并则力合,力合则变弱为强也。"茅元仪所举的例子是力学现象,但他论述"合力"是为了说明军事目的。

2. "势"及其力学内涵

"势"是中国古代一个关于力学内涵的概念。《孙子兵法·势篇》写道:"激水之疾,至于漂石者,势也。势如彍弩,节如发机。"孙子认为,湍急的激流可以漂移石块是因其有势。"彍弩"是拉满弓,"节"是控制,"机"是弩机。张满的弓具有很大的威力,只要千钧一发就可产生很大的杀伤作用。从现代物理学来看,激流具有动能,张满的弓具有势能。《孟子·告子上》写道:"今夫水,搏而跃之可使过颡,激而行之,可使在山,是岂水之性哉?其势则然也。""颡",即额,这句话的意思是,水受到搏击可以飞溅到人额头的高度,汹涌的激流可以翻越小山坡。孟子认为,击水和激流之所以能如此,因其有势。

荀子指出:"虽有国士之力,不能自举其身,非无力也,势不可也。"韩非子也认为:"乌获轻千钧而重其身,非其身重于千钧也,势不便也。"古人认为,人不能自举是因为势不可。从物理学上看,人不能自举是因为内力不做功,古人当然还无法达到这种认识高度。重物被举起一定高度即具有势能,可以做功。反之,不被举起,则无势能。对此,古人已有所认识。西汉淮南王刘安在《淮南子·兵略训》中说:"加巨斧于桐薪之上,而无人力之奉,虽顺招摇,挟刑德,而弗能破者,以其无势也。"即无论多么巨大的斧子,不将其举到一定高度,它连最容易劈裂的桐木也劈不开,因其无势。这里的势相当于重力势能。

古人发现,行星接近太阳时运行得快,远离太阳时则运行得慢。

他们也用势来说明这种现象。五代的王朴在《旧五代史》中指出："星之行也，近日而疾，远日而迟；去日极远，势尽而留。"其中的势，类似于太阳对于行星的控制作用。

从这些引文可以看出，古人虽未对"势"给出明确的定义，但已经能用它来解释各种物理现象。

3. 惯性

惯性是力学中一个重要的概念，它是经典力学的出发点。追溯到古代，我们的祖先在生活和生产的实践中，已触及了惯性现象。《考工记》中载："马力既竭，辀犹能一取焉"。意思说，马拉车的时候，马虽然停止前进，即不对车施加拉力了，但车辀还能继续往前走一段路，这显然是一种惯性现象。这段文字可以说是我国古代力学史上关于惯性现象最早的一次记载。

东汉时王充通过对圆球运动的观察，对于惯性现象已有所察觉。他在《论衡》里写道："且圆物投之于地，东西南北，无之不可；策杖叩动，才微辄停。方物集地，壹投而止；及其移徙，须人动举。"即圆球投在地上，东西南北，没有不能滚到的地方，只有拿个棍子去阻挡它滚动，才能使它的运动在较短时间内停止下来；而方的物体投在地上，由于基底的关系，一扔下去就停止了，至于要使它改变位置，就必须用人力去移动或上举。这段话已隐含惯性运动与位移（移徙）的概念，对力是物体运动变化的原因也做了说明。他的认识要比古希腊著名学者亚里士多德（Aristotle）高明得多，亚里士多德错误地认为，力是物体运动的原因。

4. 重心与平衡

墨家分析了杠杆的平衡（见简单机械中"杠杆"），对球体的运动和它的平衡问题也进行了讨论。《墨经》指出："正而不可担，说在抟。"这里"抟"作"丸"，指球体，"正"是平衡，"担"是定的意思。这段记载认为球形的物体放在平面上自然平衡而难得安定，是因为球形的物体在平面上随处都直立而中心不偏（不悬）。可见，

出土欹器

清朝欹器

墨家当时已注意到随遇平衡这种情况，这是十分难得的。

墨家还举堆垒石块为例来阐明平衡问题。《墨经》："堆之必柱，说在废材。"其中"柱"作"拄"，表示"不下"即支撑之意，"废"作"放"，"废材"是放置石块的意思。释意为，在砌筑砖石材料时，把一块砖石材料堆垒上去，它必定要受到下面砖石材料的支撑。《经说》解释为：每层合并砌筑和层层垒砌石块，要按一定的规矩互相夹持着砌放，是一种法式，从而使上面的每一块石块都为它旁边的和下面的石块所支持而得到稳定。按层交错叠垒砖石，在建筑施工中是劳动人民得出的实践经验，墨家已经加以注意，列为法规，并且在当时对这种静力学结构做了较好的概括，从力的平衡与物体间的相互支撑来加以说明。

在中国古代，人们在日常生活中已能巧妙地利用重心与平衡。要使物体平稳地置于桌面上，就要考虑它的重心与平衡的问题。从力学的观点看，通过该物体的重心与桌面垂直的线（或面）要维持在该物体的支撑面内，否则，该物体就容易倒下。

商朝时，盛酒的器具有三足，其重心总是落在三足点形成的等边三角形内。西周时期，聪明的工匠制造了一件欹器。"欹"即倾斜，

朱雀铜灯

东汉铜奔马

4

敧器可以随盛水的多少而发生倾斜变化。不装水时，它呈倾斜状态；装上一半水时，就中正直立；装满水时，它就自动翻倒，将其所盛水倒出。《荀子·宥坐》将它描写为"虚则敧、中则正、满则覆"。这是由于敧器的重心随盛水的多少而发生变化的缘故。

西汉中山靖王的朱雀铜灯，体现了工匠关于重心的巧妙构思。东汉铜奔马，三足腾空、一足落地。因其重心刚好落在一支撑足上，即使支撑面很小，表面看来容易倾倒，事实上仍是稳定平衡的。

隋唐时期，人们制作了一种劝人喝酒的玩具——经匠心雕刻的木头人，称为"酒胡子"。《唐摭言·海叙不遇》记载，将它置于瓷盘中"俯仰旋转""缓急由人"。它的雕镂形貌像胡人一样，碧眼虬发，上轻下重，扳倒后能自动竖立。行酒令时，命人使其旋转，当其旋转停止时，手指向座席上的哪位宾客，那位就要据酒令而饮罚酒。此酒具因为形貌像胡人且用手指方向，故又称"指巡胡"，其实，它也就是我们现在所说的不倒翁。酒宴上，因为它的相貌奇特，不似常人，常常博得人们的欢笑，起着逗乐的作用，也有用纸制作的"酒胡子"，"糊纸作醉汉状，虚其中而实其底，虽按捺而旋转不倒也"。另一种劝酒器，虽称不倒翁，但转动摇摆后最终仍会倒下。宋朝张邦基说："木刻为人，而锐其下，

知识链接

1. 《墨经》约完成于周安王十四年（公元前388），是战国时期以鲁国人墨翟（约公元前468—376）为首的墨家著作《墨子》书中的重要部分。《墨经》包括《经》上、下，《经说》上、下，《大取》《小取》六篇。在《墨经》中，逻辑学方面的知识所占的比例最大，自然科学次之，其中几何学有10余条，力学和几何光学方面的内容有20多条。此外，还有伦理、心理、政法、经济、建筑等方面的条文。

2. 《考工记》该书是先秦时期一部重要的科技专著，作者及成书年代不明，一般认为它是春秋战国时经齐人之手完成的。它是中国目前所见年代最早的手工业技术文献。全书共7 100多字，记述了齐国官营手工业中的木工、金工、皮革、染色、刮磨、陶瓷6大类，30个工种的内容，以及手工业各个工种的设计规范、制造工艺和一系列的生产管理及营建制度。此外，《考工记》还记有数学、地理学、力学、声学、建筑学等多方面的知识和经验总结。

3. 王充（约27—97），字仲任，会稽上虞（今浙江省上虞区）人，东汉唯物主义哲学家，无神论者。王充在哲学上认为物质性的"元气"是构成天地万物的基本元素。在伦理思想上，他认为，道德起源于人类物质生活的进步，主张人性有善有恶，但强调人性可以通过教育而改变。他对中国古代逻辑卓有贡献，较全面地阐述了论证问题。著有《讥俗》《政务》《论衡》《养性》，仅存《论衡》。《论衡》是我国古代的一部"百科全书"，书中对运动、力、热、静电、磁、雷电、声等现象都有观察和解释，对人与自然的关系也提出了深刻的见解。

置之盘中，左右欹侧，傲傲然如舞之状，久之，力尽乃倒。"从这些历史文献记载中可以看出，不倒翁之一的重心略高于木头人下半圆的中心，或略低于下半圆的中心。由于它们重心位置不同，造成它们左右摇摆后的不同结果。而古代人将它们制成半圆形下身，并在其内"虚其中而实其底"，正说明他们有意识地利用重心位置与平衡的关系。

对于物体运动的认识

运动是自然界最普遍的现象，是物质的基本属性之一，也是力学研究的重要问题。中国古人对于"运动"和"静止"的观念、力的作用与物体运动的关系做了探索，并阐述了对物体运动快慢及其如何度量的认识。

1. 运动

对机械运动，《墨经》有专门的记载，并对"运动"和"静止"的观念下了定义："动，或（域）徙也。"这里的"徙"，即迁徙，它是地域即位置的变化。"止，或（域）久也。"意思是物体在某一位置上处于一段时间，这就是静止状态。

在先秦时，关于什么是运动就有过激烈的争论。公孙龙曾提出一个说法，叫作"飞鸟之影，未尝动也"。按常识说，鸟在空中飞翔，投到地上的影当然跟着鸟的移动而移动。但公孙龙却提出另一种看法，即鸟影并没有动。这种看法，有人解释为公孙龙在观察过程中，在一定条件下，当某个角度适当时所发生的错觉；也有人解释为在某一瞬间，动体在公孙龙看来是静止的，即飞鸟之影有"未尝动"的时刻。无论哪种解释成立，都说明公孙龙对运动的观察和分析是十分细致的。

对于"鸟影"问题，墨家也有他们自己的理解，说原因在于"景不徙"。认为鸟在甲点时，影在甲点，当鸟到了相邻的乙点，影也到了相邻的乙点。此时甲上的影已经消失，而乙处另成了一个影，并非甲上的影移到乙上，这也是言之有理的。若不从时段而从时刻上看问题，这些解释总是成立的。

对于机械运动，上面已提到《墨经》中有专门记载："动，或徙也。""或"字，是墨家中一个十分抽象的名词，今人对它的解释不尽一致。前者我们已把"或"作"域"解，"或"还有另外的说法。《墨子·小取》里说："或也者，不尽也。"这里的"或"是表示几个事物或过程的不尽相同。这样，不同的"徙"就是"动"，即观察者和运动体的位置移动情况不尽相同时，才觉察出运动。因此，有人认为墨家已经注意到了机械运动的相对性。这种运动相对性的萌芽观念到后来继续有所反映。在人们讨论天地的运行问题时，东汉时期成书的《尚书纬·考灵曜》中说："地恒动不止而人不知，譬如人在大舟中，闭牖而坐，舟行而不觉也。"这是对机械运动相对性十分生动和浅显的比喻。其后的哥白尼、伽利略在论述这类问题时，都不谋而合地运用过几乎相同的比喻，这说明我国古代早在一二世纪前就已有学者对运动的认识相当深刻。可惜由于历史条件的限制，这些精辟的思想没有产生像哥白尼、伽利略那样巨大的影响。

2. 力和物体运动之间的关系

力的作用问题，是研究力和物体运动之间关系的一个重要课题。王充在《论衡》中作了较多的探讨。他在《效力篇》中写道："干将之刃，人不推顿，芒芴不能伤；筱簵之箭，机不动发，鲁缟不能穿。"意思是锋利的良剑剑刃，如果没有人用力，连草本植物都不能砍断；优竹制成的良箭，不扣弩机，连白色细绢都不能射穿。由此说明潜在的机械威力，在没有人力或弩力引发以前，即物体没有运动起来以前，是表现不出来的。他进而写道："凿所以入木者，槌叩之也，锸所以能撅地者，蹠蹈之也。诸有锋刃之器，所以能断斩割削者，手能把持之也，力能推引之也"。明确提出了力对工具的作用，是导致工具运动的原因。

王充已认识到在日常的生活和生产中，外加的力能使物体产生运动。他又考察了内力不能使物体产生运动的力学问题。他指出："力重不能自称""秦、育，古之多力者，身能负荷千钧，手能决角伸钩，使之自举，不能离地。"夐和育，传说是古代的两位大力士，尽管他们身能背负千钧（一钧约为 15 千克）重的东西，手能扭断牛角和拉直铜钩，力气很大，但不能把自己举起，离开地面，王充用这个生动的例子区别了内力和外力。

3. 物体运动的快慢

研究物体运动的快慢是力学的一个重要内容。王充在《论衡》中，对这个问题作了阐述。

首先，物体运动的快慢如何进行观察？《说日篇》中说："天行已疾，去人高远，视之若迟，盖望远物者，动若不动，行若不行，何以验之？乘船江海之中，顺风而驱，近岸则行疾，远岸则行迟，船行一实也，或疾或迟，远近之视，使之然也。"当乘船顺风而行时，由于人离岸越近视角越大，近岸行驶的船看上去快，离岸远时看上去慢，而船行的速度实际上是一样的。同理，望远者动者似乎不动，行者似乎未行。因此太阳本来走得很快，由于离人高又远，所以看起来很慢。对于这些运动现象的正确描述，表明王充已经注意到由于视差，物体真实运动与视运动的快慢有很大差别。即应该排除主观因素，努力去研究物体运动的实际快慢。

其次，物体运动的快慢如何进行量度？《说日篇》写道："日昼行千里，夜行千里。麒麟昼日亦行千里。然则日行舒疾与麒麟之步相似类也。"在这里，王充将日和麒麟运动的快慢用每昼夜经过的路程来描述。当日和麒麟每昼夜的路程相等时，就说它们的"舒疾"相同。可见王充对于物体运动的认识中，已初具粗糙的"速率"概念。

同上篇，王充还写道："月行十三度，十度二万里，三度六千里，月一旦夜行二万六千里，与晨凫飞相类似也。天行三百六十五度，积凡七十三万里也。其行甚疾，无以为验，当与陶钧之运，弩矢之流，相类似乎！"就是说，月和天的运动快慢也是可量度的。按照王充的看法，天也是以一定的速度在运动，而它们的快慢都可用相类似的机械运动——晨凫、陶钧和弩矢的运动来比拟。这说明王充的"舒疾"概念既有定性的一面（如用晨凫、陶钧和弩矢的运动来比拟日月运动的快慢），也有一定的定量计算（如假定每度多少），可惜的是其基本根据（即当时天文上对日行距离的测量）是基于所谓"日昼行千里"。"麒麟昼日亦行千里""千里"，往往不过是中文形容词中"最快"的一种比喻。由此得出的"舒疾"概念也就有了很大的局限性。

最后，关于物体运动的快慢和物体本身重量又有何关系？王充认为，"是故湍濑之流，沙石转而大石不移。何者？大石重而沙石轻也。"在川流不息、奔腾翻滚的江河中，小的沙石由于本身重量轻，会随水流移动；而大的石头则岿然不动。再如"是故金铁在地，猋风不能动，毛芥在其间，飞扬千里。"地上的一块铁也由于本身的重量，即使暴风也吹不动，但地上的毛芥却会随风飘扬很远。虽然王充的这些观察还停留在经验阶段，却指出了这样一个科学道理：在同样外力条件下（急流、暴风），重量小的物体，运动起来容易；而重量大的物体，运动起来就较困难。

在《状留篇》中，王充还写道："是故车行于陆，船行于沟，其满而重者行迟，空而轻者行疾。""任重，其取进疾速，难矣！"也进一步说明物体运动的快慢和其本身重量的关系，重量大的物体，要取得较快速度的运动，是比较困难的。

简 单 机 械

在中国古代，力学知识或源自技术经验，或源自生产和生活知识，包括简单机械、重心、运动学、力、流体和材料中的力学知识以及有关计量的一些知识。古代中国人创制了许多具有力学意义的简单

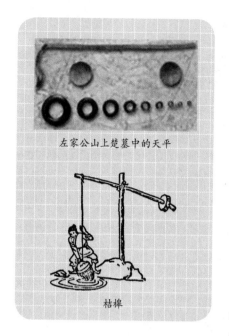

左家公山上楚墓中的天平

桔槔

机械，如杠杆、桔槔、滑轮、辘轳、斜面等。战国时期的墨家，对这些简单机械做出了实验性研究和理论总结。将杠杆、滑轮、尖劈、斜面、齿轮等联合使用，古代人制造出了较为复杂的机械，如指南车、记里鼓车等。

1. 杠杆

在中国古代很早就发明了秤，巧妙地应用了杠杆原理。在一根杠杆上安装吊绳作为支点，其端挂上重物，另一端挂上砝码或秤锤，就可以量出物体的重量。古人称它为"权衡"或"衡器"。"权"就是砝码或秤锤，"衡"是指秤杆。《吕氏春秋·古乐篇》中记载黄帝使伶伦"造权衡度量"。《史记·夏本纪》记载夏禹"身为度，称以出"。

考古发掘的最早的秤是在长沙市附近左家公山上楚墓中的天平。它是公元前4—前3世纪的遗物，是一个等臂秤。不等臂秤可能产生于春秋时期。古代中国人还发明了有个支点的秤，俗称铢秤。使用这种秤，变动支点而不需要换秤杆就可以称量较重的物体。这是中国人在衡器上的重大发明之一。

《墨经》一书最早记述了秤的杠杆原理。《墨经》将秤的支点到重物一端的距离称为"本"（今称为重臂），将支点到权一端的距离称为"标"（今称为力臂）。书中写道：当重物与权相等而衡器平衡时，如果加重物在衡器的一端，重物端必定下垂；如果因为加上重物而衡器平衡，那是本短标长的缘故；如果在本短标长的衡器两端加上重量相等的物体，那么标端必下垂。《墨经》既考虑了"本"与"标"相等的平衡，也考虑了"本"与"标"不相等的平衡；既注意到杠杆两端的力，也注意到力与作用点之间的距离大小，将杠杆的平衡条件叙述得十分全面。

桔槔也是杠杆的一种。它是古代取水的工具。作为取水工具，一般用它改变力的方向。作其他目的使用时，也可以改变力的大小，只要将桔槔的长臂端当作人施加力的一端即可。春秋战国时期，桔槔已成为农田灌溉的普通工具。

2. 滑轮

在中国古代，称滑轮为"滑车"。应用一个定滑轮，可以改变力的方向；应用一组适当配合的滑轮，可以省力。至早从战国时期开始，滑轮就在作战和生产劳动中被广泛应用。

在山东武梁祠一块汉朝画像砖上，描绘了人们从水中打捞铁鼎的画面：河岸两边各有三人前后拉着绳子，脚蹬河岸斜坡，弯腰使劲，绳子一端通过滑轮连接在铁鼎上，围观者甚多。它描述的是秦始皇"泗水取鼎"的故事（《史记·秦始皇本纪》）。传说，大禹造了九个巨鼎，以便人们识别善恶。九鼎从夏传到商、周，成了最高统治者权力的象征。在周赧王十九年（公元前296），秦昭王从周王室取走了九鼎，不幸，在途中一鼎飞入泗水河。后来，秦始皇去东海觅神仙，路过此地，便命令千人入泗水河打捞宝鼎。可是，当宝鼎刚拉出水面，一条龙冲出，咬断绳索，宝鼎又沉落河底。这个故事表明那时候已使用滑轮。

滑轮的另一种形式是辘轳。将一根短圆木固定在井旁木架上，圆木上缠绕绳索，索的一端固定在圆木上，另一端悬吊木桶，转动圆木即可提水。只要绳子缠绕得当，绳索两端都可悬吊木桶。一桶提水上升，另一桶往下降落，这就可以使辘轳总是在

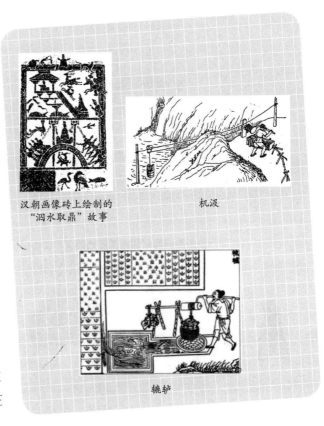

汉朝画像砖上绘制的
"泗水取鼎"故事

机汲

辘轳

做功。"史佚始作辘轳"(《物原》),史佚是周朝初年的史官,表明辘轳大概起源于商末周初。据曾公亮在《武经总要前集 · 水攻 · 济水府》中记载,周武王时有人以辘轳架索桥,穿越沟堑。唐朝刘禹锡(772—842)描写了他亲眼所见的一种称为"机汲"(《刘梦得文集 · 机汲记》)的提水机械,它是将辘轳与架空索道联合并用,以便省力地将山下流水一桶桶地提上山顶,用来浇灌田地。

《墨经》中将向上提举重物的力称为"挈",将自由往下降落称为"收",将整个滑轮机械称为"绳制"。《墨经 · 经下》写道:以"绳制"举重,"挈"的力与"收"的力方向相反,但要同时作用在一个共同点上。提挈重物要用力,"收"不费力。若用"绳制"提举重物,人们就可省力而轻松。在"绳制"一边,绳较长、物较重,物体就越来越往下降;在其另一边,绳较短、物较轻,物体就被提举逐渐向上。如果绳子垂直,绳两端的重物相等,"绳制"就平衡不动。如果这时"绳制"不平衡,那么所提举的物体一定是在斜面上,而不是自由悬吊在空中。

3.尖劈和斜面

尖劈能以小力发大力。早在原始社会时期,人们所打磨的各种石器,如石斧、石刀、骨针、镞等,都不自觉地利用了尖劈的原理。墨家在讨论滑轮的功用,说到它省力时,就将它比喻为"锥刺"。王充说:"针锥所穿,无不畅达;使针锥末方,穿物无一分之深矣"(《论衡 · 状留篇》)。可见墨家和王充等人知道尖劈原理的经验法则。

中国汉朝发明的耕犁是尖劈原理的应用。犁的早期形式是耒耜,耜指翻土的铲,相当于一种尖劈。犁铧与犁镜是翻土的主要部件。铧,以铸铁为之,多系等边

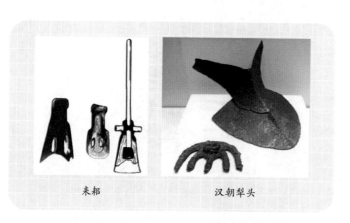

耒耜　　汉朝犁头

三角形，两边削薄成刃，其前端交为犁锋，即尖劈，它的功用在平切土地。镜，也以铸铁为之，形状不一，大体为一抛物形斜面，其功用在于将铧所掀起的泥土翻向某一侧面。今天，虽然犁的外形、大小和质地都有很大改进，但犁铧与犁镜的形状及力学原理并没有改变。

苏州重元寺

在日常生活中应用最广的尖劈是楔子（木楔或金属楔）。人们常用它加固各种器具。唐朝李肇讲过这样的故事：在苏州建造重元寺时，因工匠疏忽，一柱未垫而使寺阁略有倾斜。若请木工再把寺阁扶正，费工、费事又费钱。寺主为此甚为烦恼。一日，一外地僧人对寺主说："不需费大劳力，请一木匠为我做几十个木楔，可以使寺阁正直。"寺主听其言，一面请木工砍木楔，一面摆酒盛宴外地僧人。饭毕，僧人怀揣楔子，手持斧头，攀梯上阁顶。只见他东一楔西一楔，几根柱子楔完之后，即告别而去。十几天后，寺阁果然正直了。

斜面的力学原理与尖劈相同。人们在推车行平地和上坡时发现用力不同。成书于春秋战国时的《考工记·辀人》写道："故登陁者，倍任者也。"这就是说，推车上坡，要加倍费力气。当用双手举重物到一定高度与用斜面将同样的重物升到同一高度时，自然后者要容易得多。

墨家学派为了验证斜面的作用，制造了一种斜面引重车。该车前轮矮小，后轮高大。前后轮之间装上木板，就成为斜面。在后轮轴上系紧一绳索，通过斜板高端的滑轮将绳的另一端系在斜面重物上。这样，只要轻推车子前进，就可以将重物推到一定高度（《墨经·经下》）。

4. 指南车

又称司南车，指南车是古代一种指示方向的车辆，也是古代帝

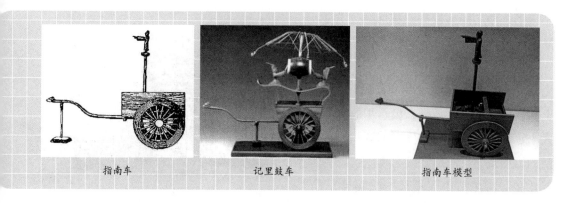

指南车　　　　　　　　　记里鼓车　　　　　　　　　指南车模型

王出门时作为仪仗的车辆之一，以显示皇权的威武与豪华。它利用齿轮传动系统、根据车轮的转动，由车上木人指示方向。不论车子转向何方，木人的手始终指向南方，即"车虽回运而手常指南"。

相传早在5000多年前的黄帝时代就已经发明了指南车，当时黄帝曾凭借它在大雾弥漫的战场上指示方向，战胜了蚩尤。西周初期，南方的越棠氏人因回国迷路，周公就用指南车护送越棠氏使臣回国。

有史料表明，三国时马钧于青龙三年（235）造指南车，虽有记载，但造法失传。南朝的祖冲之也制造过指南车，《南齐书·祖冲之传》："升明中，太祖辅政，使冲之追修古法。冲之改造铜机，圆转不穷，而司方如一，马钧以来未有也。"宋天圣五年（1027）燕肃、金大观元年（1107）内侍省吴德仁都试制出指南车。燕肃的指南车是一辆双轮独辕车，车上立一木人，伸臂指南。车中，除两个沿地面滚动的足轮（即车轮）外，尚有大小不同的7个齿轮。《宋史·舆服志》分别记载了这些齿轮的直径或圆周，以及其中一些齿轮的齿距与齿数。车轮转动，带动附于其上的垂直齿轮（称"附轮"或"附立足子轮"），该附轮又使与其啮合的小平轮转动，小平轮带动中心大平轮，指南木人的立轴就装在大平轮中心，当车转弯时，只要操作车上离合装置，即竹绳、滑轮（分别居于车左或车右的小轮）和铁坠子，就可以控制大平轮的转动，从而使木人指向不变，例如，当车向右转弯，则其前辕向右。

由巧妙运用齿数、转动数，并保证木人指南的目的，可见古人掌握了关于齿轮匹配的力学知识和控制齿轮离合的方法。

5. 记里鼓车

鼓车又有"记里车""司里车""大章车"等别名。有关它的文字记载最早见于《晋书·舆服志》："记里鼓车，驾四。形制如司南。其中有木人执槌向鼓，行一里则打一槌。"晋人崔豹所著的《古今注》中亦有类似的记述。因此，记里鼓车在晋或晋以前即已发明了。

三国时的马钧已制造了记里鼓车，他还改进了绫机，提高织造速度；创制翻车（即龙骨水车）；设计并制造了以水力驱动大型歌舞木偶乐队的机械等。东汉的张衡制造了记里鼓车，可惜没有详细的记载，东汉以后，关于记里鼓车只有零星的记载。

宋仁宗天圣五年（1027），内侍卢道隆造记里鼓车。大观元年（1107）内侍省吴德仁重新设计制造了一种新的记里鼓车。他简化了前人的设计，减少了一对用于击镯的齿轮，使记里鼓车向前走500米时，木人同时击鼓、击镯。

记里鼓车的基本原理和指南车相同，也是利用齿轮机构的传动关系。《宋史·舆服志》记载比较详细，大体说记里鼓车外形是独辕双轮，车厢内有立轮、大小平轮、铜旋风轮等，轮周各出齿若干，"凡用大小轮八，合二百八十五齿，递相钩锁，犬牙相制，周而复始"。记里车行500米路，车上木人击鼓，行5千米路，车上木人击镯。记里鼓车的记程功能是由齿轮系统完成的。车中有一套减速齿轮系统，始终与车轮同时转动，其最末一只齿轮轴在车行

记里鼓车模型

500米时正好回转一周，车上木人受凸轮牵动，由绳索拉起木人右臂击鼓一次，以示里程。至于击镯记程，这一原理与现代汽车上里程表的原理相同。

记里鼓车的创造是近代里程表、减速器发明的先驱，是中国古代科技史上的一项重要贡献。

6. 地动仪

东汉的张衡创制的候风地动仪于132年完成。据《汉书·张衡传》记载："阳嘉元年，复造候风地动仪。以精铜铸成，员径八尺，合盖隆起，形似酒樽，饰以篆文山龟鸟兽之形。中有都柱，傍行八道，施关发机。外有八龙，首衔铜丸，下有蟾蜍，张口承之。其牙机巧制，皆隐在尊中，覆盖周密无际。如有地动，尊则振龙，机发吐丸，而蟾蜍衔之。振声激扬，伺者因此觉知。虽一龙发机，而七首不动，寻其方向，乃知震之所在。验之以事，合契若神。"

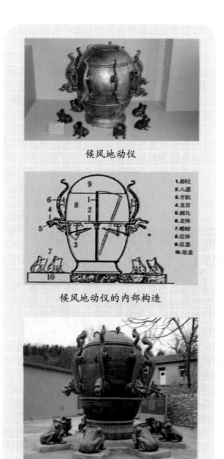

候风地动仪

候风地动仪的内部构造

古地动仪

有关候风地动仪内部的具体机械构造，有学者推断，所谓的"都柱"是一个上粗下细的立柱，周围装着八个曲杠杆。由于都柱重心高，当地面一有震动，就极容易向震动方向倒下去，压在震源方向的一个曲杠杆下端。而每一个曲杠杆的上端都装着一个龙首上颌，与下颌相合衔定一个铜丸。当某一个曲杠杆的下端被都柱压下时，龙首的上颌就会张开，所衔的铜丸就下落到正对着它的铜蟾蜍嘴里，发出声音，使掌管人知晓，以此来判明地震来源的方位。

传说在138年3月1日，地动仪朝向西边的那个铜球突然"哐啷"一声落了下来，但在当时洛阳城里并没有感到震感。过了好几天，送信人到洛阳，报告说甘肃发生了大地震。地动仪于是名声大噪。

7. 被中香炉

被中香炉是中国古代盛香料熏被褥的球形
小炉，又称"香熏球""银熏球""卧褥香炉"。
在唐朝贵族的生活中，已经普遍地使用被中香
炉。刘歆的《西京杂记》卷上记载："长安巧工
丁缓者，为常满灯……又作卧褥香球，一名被
中香炉，本出房风，其法后绝，至缓始复为之，
为机环转运四周，而炉体常平，可置被褥，故
以为名。"从这段记载中可知，早就已有被中香
炉，失传后又由一位叫丁缓的巧匠重新制作而
出。1963 年在西安省沙坡村和 1987 年在陕西省
扶风县法门寺塔基地宫内出土过被中香炉，至
今已有 1300 多年历史。

被中香炉

被中香炉从外形上看遍体镂空，有限的球
面上刻画了数组形态各异的花鸟。结构上它由上下两个半球体扣合构
成，接合处装有一小型卡轴，启合方便。下半球内装置两个同心机环
和一个焚香盂，炉体在径向两端各有短轴，支承在内环的两个径向孔
内，能自由转动。同样，内环支承在外环上，外环支承在球形外壳的
内壁上。炉体、内环、外环和外壳内壁的支承轴线依次互相垂直，不
论球体如何滚转，炉口总是保持水平状态，丝毫不用担心里面燃着的
香火会撒出来，它是一件高超的艺术与科学技术完美结合的精品。

被中香炉的巧妙之处就在于它应用了物理学里的角动量守恒原
理，与近代发明用于导航的陀螺仪原理相同。

知识链接

1. 杠杆原理：古希腊的阿基米德（Archimedes）在《论平面图形的平衡》
一书中最早提出了杠杆原理。他把杠杆实际应用中的一些知识当作公理，然后
从这些公理出发，通过严密的逻辑论证，得出了杠杆原理：在无重量的杆的两

端离支点相等的距离处挂上相等的重量，它们将平衡；在无重量的杆的两端离支点相等的距离处挂上不相等的重量，重的一端将下倾；在无重量的杆的两端离支点不相等距离处挂上相等重量，距离远的一端将下倾；一个重物的作用可以用几个均匀分布的重物的作用来代替，只要重心的位置保持不变，相反，几个均匀分布的重物可以用一个悬挂在它们重心处的重物来代替；相似图形的重心以相似的方式分布等。正是从这些公理出发，阿基米德发现了杠杆原理，即"二重物平衡时，它们离支点的距离与重量成反比"。

2. 公元前 6 世纪的古希腊已经因金属加工的需要而对锤子、钳子等工具进行改进。为了航海和戏剧舞台的需要，发明了绞盘、滑轮。为了舰船的加工需要，前 6 世纪发明了木旋车床，公元前 5 世纪发明了弓钻。螺栓则是公元前 400 年左右由毕达哥拉斯的一个学生发明的。阿基米德是历史上第一个将工程、机械与数学结合起来的人，他通过计算可以确定提起给定重物的定、动滑轮的配置。

古希腊的亚里士多德和阿基米德都研究过齿轮。大约在公元前 150 年，希腊著名的发明家古蒂西比奥斯在圆板工作台边缘上均匀地插上销子，使它与销轮啮合，他把这种机构应用到刻漏上，这可能是最早的齿轮应用。公元前 100 年，亚历山大的发明家赫伦发明了里程计，在里程计中使用了齿轮。1 世纪时，罗马的建筑家毕多毕斯制作的小汽车式制粉机上也使用了齿轮传动装置。

3. 张衡（78—139），东汉时期天文学家、数学家、发明家、文学家。字平子，河南南阳人。张衡在天文学方面著有《灵宪》《浑仪图注》等，数学著作有《算罔论》，文学作品以《二京赋》《归田赋》等。张衡发明了浑天仪、地动仪，是东汉中期浑天说的代表人物之一。由于他的贡献突出，联合国天文组织将月球背面的一个环形山命名为"张衡环形山"，太阳系中的 1802 号小行星命名为"张衡星"。后人为纪念张衡，在南阳修建了张衡博物馆。

4. 意大利科学家帕尔米里于 1855 年发明了地震仪。这台机器使用装满水银的圆管并且装有电磁装置。当震动使水银发生晃动时，电磁装置会触发一个内设记录地壳移动的设备，粗略地显示出地震发生的时间和强度。1880 年英国地理学家米尔恩（J. Milne）发明了多种检测地震波的装置，其中一种是水平摆地震波检测仪。这个精妙的装置有一根加重的小棒，在受到震动作用时会移动一个有光缝（一个可以通过光线的细长缝）的金属板。金属板的移动使得一束反射回来的光线穿过板上的光缝，同时穿过在这块板下面的另外一个静止的光缝，落到一张高度感光的纸上，光线随后会将地震的移动记录下来。今天大部分地震仪仍然按照米尔恩和他助手的发明原理进行设计。

流体的力学知识

我国古代对于流体的某些特性，很早就有所认识。许多古代典籍就有这方面的记载。春秋时期孙武的《孙子·虚实》说："水无常形"。《庄子》道：水之性"莫动则平"。这些是对于流体一般性质的阐述。值得介绍的是人们在生活和生产实践中，积累了不少有关物体的重心、流体的浮沉、虹吸现象及其应用等知识，有些方面的认识已具有相当的水平。

1.浮力作用

沉浸在液体中的物体都将受到液体的浮力作用。在中国关于浮力原理的最早记述见之于《墨经》，其大意说：形体大的物体，在水中沉下的部分很浅，这是平衡的缘故。该物体浸入水中的部分，即使浸入很浅，也是和该物体（重量）相平衡的。《墨经》的这段文字，尽管对浮力原理表达不确切，但已经在探讨浮体沉浸水中的部分与整个浮体平衡的关系。

浮力原理在我国古代得到广泛应用，在史书中也留下了许多生动的故事。

三国时期曹冲称象的故事脍炙人口。曹冲是曹操的儿子，在当时没有现代的衡器而要称量几吨重的大象确实是件难事。曹冲想了个办法：先把大象赶到船上，记下船在水中下沉的位置，然后，将大象牵上岸，再把石头陆续装入船中，直到装载石头的船下沉到刚才的那个记号为止，最后分别称出船中石头的重量，石头的总重量就是大象的重量。

曹冲称象

除了曹冲的以舟称物，以舟起重也是中国古代人的发明。据史籍记载，蒲津大桥是一座浮桥。它以舟为桥墩，舟与舟之间架板为桥。唐开元十二年（724）修理此桥时，为加固舟墩，在两岸维系巨缆，特增设铁牛八头作为岸上缆柱，每头铁牛重数万千克。据《宋史·僧怀丙传》，宋庆历年间（1041—1048），因河水暴涨，桥被毁坏，八头铁牛被冲入河中。真定县僧人怀丙成功打捞出铁牛。他打捞铁牛的方法是：在水浅时节，将两只大船装满土石，其间架横梁巨木，巨木中系铁链、铁钩，以此铁钩链捆束铁牛。待水涨时节，将舟中土石卸入河中。水涨船高，铁牛即被拉出水面。

用作蒲津大桥缆柱的铁牛

另一记载与此方法稍有不同：在一只船上架桔槔，桔槔短臂端以铁链系牛，长臂端压以巨石。待水涨时，在船上装满土石。这样，铁牛被桔槔从河底拉起并稍露水面。

在16世纪，意大利数学家卡丹（G. Cardano）用类似怀丙的浮力起重法打捞沉船。

2. 大气压和虹吸现象

中国人很早就懂得应用虹吸原理。应用虹吸原理制造的虹吸管，在中国古代称"注子""偏提""渴乌"或"过山龙"。东汉末年出现了灌溉用的渴乌。据唐朝徐坚所著《初学记》载："以器贮水，以铜为渴乌，状如钩曲，以引器中水于银龙口中，吐入权器。漏水一升，秤重一斤，时经一刻。"其中的"渴乌"就是一个弯钩形铜制的虹吸管，

它的作用是依靠大气压强，利用越过容器的这一弯钩形铜制管子，将位于高处容器中的水引向低处的银龙口中。

汉朝发明虹管灯也应用了这个原理，虹管灯也称釭灯，其灯体有虹管，灯体为带空腔的容器，内部盛清水，利用虹管（导烟管）将灯罩内的烟火导入灯体溶于水中，就可净化空气。

到唐朝，虹吸管被称为"注子""偏提"。与此同时，有关大气压力的现象在王冰的《素

影青釉注子注碗

20

问》注中进行了探讨。他说："虚管
溉满，捻上悬之，水固不泄，为无升
气而不能降也；空瓶小口，顿溉不入，
为气不出而不能入也。"这里涉及两
个由大气压力所表现出来的现象。前
者讲的是，把水灌进一条一端闭合的
管子里，然后倒转过来，水不会倒流
出来；后者讲的是，要想把水很快注
入一只小口瓶子，是不可能的。对前
一个现象王冰的解释是"无升气而不
能降也"；对后一个现象他的解释是
"气不出而不能入也"。这些解释都是
从"气"的作用出发，颇有一定的道理。

铜缸灯

竹制唧筒

宋朝曾公亮在《武经总要》中，
有用竹筒制作虹吸管将峻岭阻隔的泉
水引下山的记载。中国古代还应用虹
吸原理制作了唧筒。唧筒是战争中一种守城必备的灭火器。宋朝苏
轼的《东坡志林》卷四中，记载了四川盐井中用唧筒把盐水吸到地
面。其书载："以竹为筒，无底而窍其上，悬熟皮数寸，出入水中，
气自呼吸而启闭之，一筒致水数斗。"

宋朝俞琰在《席上腐谈》中记载说，他年幼时见到一个"道人"，
将烧得很旺的纸片放入空瓶中，再将瓶覆盖在盆水中，就见水涌入
瓶内；把那瓶覆盖于人腹上，则紧紧贴住，拔也拔不下来。对此他
的解释是"火气使之然也"。虽然用"火"和"气"来解释是笼统的，
但对大气压力作用的这类现象描述，却给人留下深刻的印象，是两
个很好的"演示实验"。明朝的《种树书》中也讲到用唧筒激水来浇
灌树苗的方法。

3. 测定液体浓度或比重

中国古代人们创造了测定液体浓度或比重的方法。例如，盐场

晒盐，首先要测定海水的浓度。浓度越大或比重越大，产盐率越高。自南北朝起，陆续发现了鸡蛋、桃仁、饭粒和莲子等物在不同浓度的盐水中有不同的浮沉状态，以此来确定液体的浓度或比重。其原理类似近代的液体比重计。

宋朝姚宽在《西溪丛语》中写道："予监台州（今浙江省临海等县）杜渎盐场，日以莲子试卤。择莲子重者用之。卤浮三莲、四莲，味重，五莲尤重。莲子取其浮而直，若二莲直或一直一横，即味差薄。若卤更薄，则莲沉于底，而煎盐不成。闽中之法，以鸡子（即鸡蛋）、桃仁试之，卤味，重则正浮在上；卤淡相半，则二物俱沉。与此相类。"

莲子、鸡蛋、桃仁都不是完全的圆球形状。如果选取五个比重不同的这类物体，或五个鸡蛋，或五个莲子，它们在盐水中的浮沉状况也就各不相同。当某莲子的比重与待测液体的比重相当时，它就会在液体中呈直立悬浮状态；当某莲子的比重小于液体比重，甚至小得很多时，它不仅会全浮在液面上，而且因其形状与重心的关系，它将在液面上取横卧形式；当某莲子的比重大于液体比重时，它就会沉没在容器底部。这就是姚宽要求"莲子取其浮而直"的道理。

元朝的陈椿所记述的方法，已完全类似于近代浮子式比重计。他写道："要知卤之咸淡，必要莲管秤试。如四莲俱起，其卤为上。……莲管之法：采石莲，先于淤泥内浸过，用四等卤分浸四处。最咸（麦山 shàn）卤浸一处，三分卤一分水浸一处；一半水一半卤浸一处；一分卤二分水浸一处。后用一竹管盛此四等所浸莲子四。放于竹管内，上用竹丝隔定竹管口，不令莲子漾出。以莲管汲卤试之，视四等莲子浮沉，以别卤咸淡之等。"

在陈椿所记述的方法中，四等卤分别是：最咸为一等，浓度为100%；三分卤一分水为二等，浓度为75%；半卤半水为三等，浓度为50%；一分卤二分水为四等，浓度为33%。在这四等卤中分别浸透各个莲子，就能为测定其他溶液的浓度制备好"浮子"。将装有这些浮子的竹筒注入待测溶液，看它们的浮沉状态，溶液浓度就相应地被测定。这个特用的竹筒，称为"莲管"。这个方法比前人进步之处为浮子是事先制备的定量化东西，因此，它所测定的溶液浓度比较精确。

知识链接

1. 浮力原理：浸在静止流体中的物体受到流体作用的合力大小等于物体排开的流体的重力，这个合力称为浮力。这就是著名的阿基米德原理：如果一个物体全部浸在水中被水包围，并处于平衡状态，则流体作用在此物体上的力的方向同重力相反，大小等于被此物体所排开的水的重量。当漂浮在水上的物体的上半部分处于水面以上，而下半部分处于静止的水中时，物体受

马德堡半球实验

到水的向上作用力，这个力的大小等于被物体所排开的那部分水的重量。

2. 大气压强：大气对浸在它里面的物体产生的压强叫大气压强，简称大气压或气压。1643年，意大利科学家托里拆利（E. Torricelli）在一根1米长的细玻璃管中注满水银（汞）倒置在盛有水银的水槽中，发现玻璃管中的水银大约下降到760毫米高度后就不再下降了。这760毫米刻度之上的空间无空气进入，是真空状态。托里拆利据此推断大气的压强就等于水银柱产生的压强，这就是著名的托里拆利实验。1654年，格里克（Otto von Guericke）在德国马德堡做了著名的马德堡半球实验，他把两个黄铜做的半球壳灌满水后合在一起，然后把水全部抽出，使球内形成真空，最后，把气嘴上的龙头拧紧封闭，周围的大气把两个半球紧紧地压在一起，用8匹高头大马也拉不开，这有力地证明了大气压强的存在。

3. 虹吸现象：是利用液面高度差的作用力现象，将液体灌满一根倒U形的管状结构内后，将开口高的一端置于装满液体的容器中，容器内的液体会持续通过虹吸管从开口于更低的位置流出。虹吸现象是大气压和连通器原理的特殊应用：两个容器液面高低不同，用管子将两者液体连通，在液体自身重力和大气压的共同作用下，总有保持液面相平的运动趋势，即将流动的液体所受的合力指向下方，因此液体从高处流向低处。

4. 液体比重计：是根据阿基米德原理设计的，当一定重量的比重计插入液体时，测量所排开的液体体积（对应于浸没高度），即可求得液体比重。浮子式密度计它的工作原理是：物体在流体内受到的浮力与流体密度有关，流体密度越大，浮力越大。如果规定被测样品的温度（例如规定为25℃），则仪器也可以用比重数值作为刻度值。这类仪器中最简单的是目测浮子式玻璃比重计，简称玻璃比重计。

2 古代声学知识

声学主要是研究声的性质、产生、传播、接收、量度和应用等问题的一门学科。在声学研究方面，我国古代不仅有丰富的文化典籍，而且有许多卓越的发现、发明和经验总结。对于物体发声和传声的研究、声音成因的解释、共鸣现象和共振实验等都有详细的记载。在音乐规律的探讨上，提出了三分损益法和十二平均律；在建筑和生产技术中应用声学效应也取得了杰出成就。

声音的产生与传播

在中国古代，很早就对声音的来源、声音传播的机制做了探究，并提出了独到的见解。

1. 声音与波动

各种各样的声音都是由发声体振动引起的，这种振动通过空气或其他媒介传播到人的耳中，人就能听到声音。

早在春秋末期人们已经知道声音的来源及音调的高低是由振动决定的。《考工记 · 凫氏》在记述钟体的设计与制造时曾写道："薄厚之所震动，清浊之所由出。"这表明，至迟在公元前 6 世纪下半叶至公元前 5 世纪初已有"振动"一词，而且人们将"振动"现象与钟壁厚薄、音调的高低联系起来，还正确地认识到它们三者之间的关系：钟壁的厚薄决定了其振动的缓与烈（在中国古代没有明确的一定时间内振动数值为多少的概念，即有关频率的概念）或振幅的大与小，而这又是音调高低的依据。早在殷商时期，中国人就已制造了精美的乐钟。人们在敲钟时，不仅可以耳辨其音调之高低，而且还可以抚摩其钟壁而感觉到振动之强烈。因此，在古代中国很早就有振动产生声音的想法。

战国编钟

明朝的宋应星关于声的产生有清晰的认识，他认为，声"不能自为生"，必须"两气相轧而成声""人气轧气而成声"，并指出，在静满之气中，由于"急冲急破"而发生激烈的扰动，声音才能发生。他列举了飞矢、跃鞭、弹弦、裂帛、鼓掌、挥椎等发声现象并进行了论证，指出："及夫冲之有声焉，飞矢是也；界（连接）之有声焉，跃鞭是也；振之有声焉，弹弦是也；辟之有声焉，裂缯是也；合之有声焉，鼓掌是也；持物击物，气随所持之物而逼及于所击之物有声焉，挥椎是也。"即声音是由于物体振动或急速运动冲击空气而产生的。值得注意的是，他这里具体解释了两物碰撞时气的作用："气随所持之物"逐渐逼及"所击之物"，最后在碰撞时发生"急冲急破"之声，这是我国古代学者具体运用气来解释力学及声学现象的生动例证之一。

2. 声音的传播

约 1 世纪时，东汉的王充发现，声音在空气中的传播形式是与水波相同的。他在《论衡·变虚篇》中说："鱼长一尺，动于水中，振旁侧之水，不过数尺，大若不过与人同，所振荡者不过百步，而一里之外淡然澄清，离之远也。今人操行变气远近，宜与鱼等，气应而变，宜与水均。"

这段文字的前一句，描写了游动的鱼搅起水面浪花及水波传播距离的远近。后一句指出，人的言语行动也使空气发生变化，其变动之情与水波相同。王充在这里还表达了另一个科学思想：声音的强度随传播距离的增大而衰减：鱼激起的水波不过百步，其声音在 500 米之外消失殆尽；人声和鱼声一样，也是随距离而衰减：鱼激起的水波不过百步，其声音在一里之外消失殆尽；人声和鱼声一样，也是随距离而衰减的。因此，王充是世界上最早向人们展示不可见的声波图景，也是最早指出声强与传播距离的关系的。

宋应星借水波比喻空气中声波的思想更为明确。他在《论气·气声》篇中写道："物之冲气也，如其激水然。……以石投水，水面迎石之位，一拳而止，而其文浪以次而开，至纵横寻丈而犹未歇。其荡气也亦犹是焉，特微渺而不得闻耳。"

这里他把声波的传播与水波的传播相类比，认为声是靠气的振荡而传播，并且明确提出气也是一种波，其"文浪"依次而展开，可以纵横传播相当远而犹不止，他甚至做了数量上的估计，一石击水，水波可达离中心约 2.67~3.33 米以外。只是声波这种气的振荡特别微渺，所以感觉不到罢了。这是对王充《论衡》中所述声、水波相似的发展。当然，宋应星的这一比喻也未必确切，因为声波是纵波，水面波是由于表面张力和重力共同作用而产生的较复杂的波，但就当时的历史条件来说，他能采用类比的方法认识声的传播，也是极为难得的，在声学发展史上应占有一席之地。

共振现象的研究

声音共振也称"共鸣"，是一种重要的物理现象。当两个发声物体的固有频率相同或具有简单的整数比关系时，一个发声体振动，相距一定距离的另一发声体也会随之振动，此即共鸣现象。中国古人很早就认识声音的共振现象，积累了不少的经验知识。

1. "同声相应"

在我国古代典籍中，关于共振现象有大量的记述，并把这种现象解释为"同声相应"或"声比则应"。这个解释与现代的科学定义相近。因为凡是共振的两个物体，它们的固有频率或者相同，或者成简单的整数比，如 1:1，1:2，2:3。

最早记述共振现象的是《庄子》一书，此书在描述瑟的各弦间发生的共振现象时写道："为之调瑟，废于一堂，废于一室。鼓宫宫动，鼓角角动。音律同矣。夫或改调一弦，于五音无当也，鼓之，二十五弦皆动。"

这里说的瑟有二十五根弦。当在高堂明室中放上一具瑟，人们发现，弹动某一弦的宫音，别的宫音弦也随之振动；弹动某一弦的角音，别的角音弦也随之振动。这是由于它们的音相同。如果改调一弦，使它发出的音和五音中的任何一声都不相同，再弹这根弦时，瑟上的二十五根弦就都会动。因为这条弦虽然弹不出一个准确的乐音，但它的许多泛音中总有那么几个音和瑟的二十五弦的音相同或成简单的比例。这就是它能使瑟的二十五弦同时共振的道理。

《庄子》这段文字是调瑟实验的真实记录。它不仅指出基音的共振现象，也发现了基音和泛音的共振现象。这在声学史上是一个很大的贡献。

2. 纸人跳舞

宋朝的沈括发现了琴弦的共振现象，由于共振时弦的振动比较微弱，不容易看清楚，他精心设计了一个独具匠心的科学实验。沈括剪了一些小纸人放在弦上，每弦一个。然后开始弹奏，除了本身直接被弹奏的弦线以外，另一根与它的音调有共振关系的弦也会随之振动，上面的这个小纸人就会频频跳跃，而其他诸弦上的纸人则安然不动。沈括还进一步证实，只要声调高低一样，即使是在别的琴瑟上，相应的弦也照振不误。

沈括的发现，要比欧洲人早约 5 个世纪，直到 17 世纪，英国牛津的诺布尔和皮戈特才想到用纸游码演习弦线的基音和泛音的共振关系。

发声器件的频率如果与外来声音的频率相同时，则它将由于共振的作用而发声，这种声学中的共振现象叫作"共鸣"。沈括有一个朋友，他家里有一把琵琶，放在空空荡荡的房间里，用笛管吹奏双调的时候，琵琶弦常常跟着发声。那个人认为这把琵琶是个宝贝，把它当神供奉起来，并把沈括请来看。沈括看了后，不以为然，指出这不过是共鸣现象，真是少见多怪！所有的琴瑟上都有共鸣现象，例如宫弦和少宫相应，商弦和少商共鸣。沈括的见解又进了一步。

3. 音乐共鸣箱

共鸣在音乐上的应用很多。由于古琴发音低微，古代人们已经知道利用共鸣效果将它的声音扩大。他们经常在琴室的地面下埋一空瓮，作用相当于现在的共鸣箱。晋朝大画家顾恺之的《斲琴图》里就有共鸣箱一类的设备。到了后来，共鸣箱更有所发展。明朝《长物志》记载，有的古琴家为了增强演奏效果，在琴室的地下埋一只大缸，缸内还挂上一口铜钟，这真是特大号的共鸣箱。我国古代的戏院里，往往在舞台下面埋几口大缸，同样是为了使台上演员和乐器发出的声音更加洪亮而圆润，造成"余音绕梁"的效果。

4. 消除共鸣

由于古人认识到了同声相应的原理，当两件器物产生共鸣时，要消除这种现象，只要改变其中一者的结构，使二者发音不同即可。据刘宋时期刘敬叔《异苑》记载，晋朝博物学家张华曾根据同声感应的道理消除了铜澡盘与宫钟的共鸣现象。书中记载："晋中朝有人畜铜澡盘，晨夕恒鸣如人扣。乃问张华。华曰：'此盘与洛钟宫商相应。宫中朝暮撞钟，故声相应耳。可错令轻则韵乖，鸣自止也。'依其言，即不复鸣。""乖"是违背、不一致的意思。用锉刀锉掉一部分铜澡盘的重量，使其发音与宫殿里钟的发音不一致，即可消除二者共鸣现象。张华的认识和做法是正确的。

唐朝的韦绚《刘宾客嘉话录》记载了一个故事："洛阳有僧，房中磬子夜辄自鸣，僧以为怪，惧而成疾。求术士百方禁之，终不能已。曹绍夔素与僧善，适来问疾，僧具以告。俄顷，轻击斋钟，磬复作声，绍夔笑曰：'明日盛设馔，余当为汝除之。'僧虽不信其言，冀其或效，乃置馔以待。夔食讫，出怀中错，鑢磬数处而去，其声遂绝。僧苦问其所以，绍夔曰：'此磬与钟律合，故击彼应此。'僧大喜，其疾便愈。"江湖术士因不懂同声相应之理，虽施千方百计终不能止磬之鸣。曹绍夔因知晓声同则应的道理，轻易地就破除了这一现象。

5. 消声除音

古人可以根据需要，将声音尽量扩大，又会出于某种需要，尽可能减少或消除声音，于是就发明了相应的隔声技术。据说古代私铸钱币的人，为了不让别人发现他们的秘密，最初他们躲在地窖里或地洞里干活，以为这样就可以避人耳目。哪知躲过别人的眼睛，瞒不过别人的耳朵。他们锯、锉、修整钱币外形的杂声传出来，官家侦探照样要找他们的麻烦。于是他们冥思苦想，后来终于发现，若以瓮为井壁，瓮口向里，一个紧挨一个砌在墙内，就能构成一个良好的隔音室，墙外的人再也听不到他们干活的声音了。明朝的方以智以为这是声音被瓮吸收了（其实是声音进瓮，经过多次反射，渐渐减弱，以至听不见）。不过，这种隔音术不单是私铸钱币者的独家发明，其他人也曾按同样方法建筑过隔音室，"则室中所作之声尽收入瓮，而贴邻不闻"。就连隔壁的人家也听不到声音外传，可见这隔音的效果是相当不错的。

建造隔音室的另一种方法是使用空心砖。我国早在战国时期就有空心砖了，它们是在发掘古墓时被发现的。死者躺在用空心砖砌成的隔音墓穴里，大概这样就可以真正地"安息"了吧！

南越国熊饰空心砖

6. 奇妙的"鱼洗"

古人称"洗"的东西，其形状很像今天的洗脸盆，有木洗、陶洗和铜洗。盆内底刻有鱼的，称为鱼洗，刻有龙的称为龙洗。这种器物在先秦时期已在人们生活中被普遍使用。有一种能喷水的铜质鱼洗，是在唐宋期间发明的，一般称它为喷水鱼洗。

这种鱼洗的内底饰有四条龟纹，鳞尾皆有，洗内盛水后,用手摩擦它外廓上两个弦（或称"双耳"），鱼洗马上就会发出响亮的嗡嗡声。随之盆内出现了美丽的浪花，水珠四溅，大有飞泉之妙。摩擦愈快，

鱼洗

声音愈响，波浪翻腾，水珠喷射得愈烈。这种奇妙的鱼洗曾多次在国外展出，成为人们最为注目的展品之一。

鱼洗何以能够喷水呢？当然不是洗内刻画的鱼或龙真的显神通，而是有它的科学道理。当摩擦双耳时，洗周壁发生激烈振动，而洗底由于紧靠桌垫不发生振动。洗的振动如同圆形钟一样，都属于对

知识链接

1. 宋应星（1587—1666），中国明末科学家，字长庚，江西奉新县人。他总结了当时农业和手工业生产技术，著有《天工开物》，共3卷18篇，初刊于明崇祯十年（1637），是一部关于农业和手工业生产的综合性著作，收录了农业、手工业，诸如机械、砖瓦、陶瓷、硫磺、烛、纸、兵器、火药、纺织、染色、制盐、采煤、榨油等生产技术。书中记载了许多中国古代物理知识，如在提水工具（筒车、水车、风车）、船舵、灌钢、泥型铸釜、失蜡铸造、排除煤矿瓦斯方法、盐井中的吸卤器（唧筒）、熔融、提取法等中都有许多力学、热学等知识。

2. 庄子（公元前369—前286），战国著名哲学家、思想家、文学家，名周，字子休。道教祖师，号南华真人。庄子与道家始祖老子并称“老庄”，他们的哲学思想体系，被思想学术界尊为“老庄哲学”，其代表作为《庄子》。《庄子》约成书于先秦时期。《汉书·艺文志》著录52篇，今本33篇。其中内篇7篇，外篇15篇，杂篇11篇。全书以“寓言”“重言”“卮言”为主要表现形式，继承老子学说而倡导相对主义，蔑视礼法权贵而倡言逍遥自由，内篇的《齐物论》《逍遥游》和《大宗师》集中反映了此种哲学思想。

3. 沈括（1031—1095），北宋科学家、改革家。字存中，号梦溪丈人，杭州人。他在天文、数学、物理学、化学、地质学、气象学、地理学、农学、医学和工程技术上均有建树。他提倡的新历法，与今天的阳历相似；记录了指南针原理及多种制作法；发现地磁偏角；阐述凹面镜成像的原理；研究了共振现象；他创立了隙积术、会圆术；考察了水的侵蚀对形成冲积平原的作用；记录了许多药方，著有多部医学著作。晚年著有《梦溪笔谈》笔记体一书，共30卷，分17目，凡609条。内容涉及天文、数学、物理、化学、生物等各个门类学科。书中总结了中国古代，特别是北宋时期的科学成就。中国科学院紫金山天文台将该台在1964年发现的一颗小行星2027命名为“沈括星”。

4. 意大利学者伽利略研究了声音产生的原因、声学共振和共鸣现象。他在1638年出版的《关于两门新科学的谈话》一书里指出，每具单摆的摆动周期或频率仅由其摆长决定，而不能随意改变。而且，由周期的周相位推动能够保持甚至逐渐增大单摆振幅的观察，使他领悟到这就是产生声学共振的具体机制。接着，他描述了在一架古钢琴上，不仅两根同音的弦之间会发生共鸣，而且在两根相差八度或五度音程的琴弦之间也会发生有限的共鸣。这些现象完全可以解释为击响了的弦的振动在空气中传播激起了另一根弦振动的结果。其次，伽利略还观察到，当奏起中提琴的低音弦时，会使得放在邻近的一只薄壁高脚酒杯发生共鸣，只要这只酒杯具有相同的固有振动周期。若单纯用手指尖摩擦酒杯的边缘，也可以使它发出同样音调的声音。与此同时，如果在酒杯里盛有水的话，则可以从水面上的波纹看到酒杯的振动。于是伽利略就通过这样的一系列观察和推理，证实了声音的确是一种机械振动的现象。

称的壳体振动。手摩擦双耳，给洗以振动的能量。在洗周壁对称振动的拍击下，洗内水便发生相应的谐和振动。在洗的振动波腹处，水的振动最为强烈，不仅形成水浪，甚至喷出水珠；在洗的振动波节外，水不发生振动，浪花、气泡和水珠都停泊在不振动的水面波节线上。因此，在观赏鱼洗喷水表演时，能看到鱼洗水面的美丽浪花，以及喷射飞溅的水珠。

鱼洗中四条鱼的门须总是刻在鱼洗基频振动的波腹的位置上，其效果是造成了鱼在跳跃的视觉错觉。这证明，古代工艺师了解圆柱形壳体基频振动。在一个小小的容器里将科学技术、艺术欣赏和思辨推测巧妙地结合在一起，古人的聪明才智令人赞叹！

古 代 乐 器

古代声学知识的产生和发展与乐器的制作密切相关。在中国古代，很早就开始使用乐器，光《诗经》里提到的就有 29 种乐器的名称，如鼓、铃、箫、管、笙、琴、瑟等，这些乐器后来成为中国的传统乐器，一直流传至今。古人在乐器的制作上掌握了发音原理、有关材料发声和传声的性能，以及相应的工艺技术。

1. 打击乐器

锣、鼓在打击乐器中出现得很早，传说远古时代伊耆氏就有土

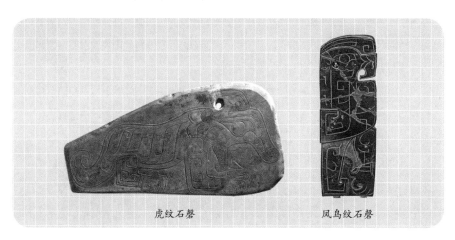

虎纹石磬　　　　凤鸟纹石磬

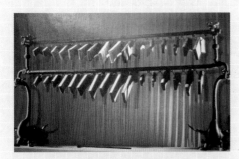

曾侯乙墓出土的编磬

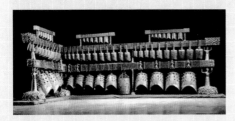

曾侯乙墓出土的编钟

制的鼓、草扎的鼓槌。

在古代钟、磬是主要乐器。1950年在河南省安阳市殷墟出土了多件石磬，其中一件"虎纹石磬"可称为商朝磬中之王，它长84厘米，宽42厘米，厚2.5厘米。正面刻有雄健虎纹，据测定此磬已有5个音阶，可演奏不同乐曲。其悬孔上方两侧有被悬绳长年磨损的印记，以及磬面的累累敲痕，标志着它曾于石城金阙之中饱览钟鸣鼎沸的景象。在殷墟的妇好墓中出土了5件长条形石磬，制作比较精细，磬身上分别刻有文字和鸮纹，其中有3件，均为白色，泥质灰岩，形亦相近，可能是一套编磬。

商周时期，根据钟或磬的大小，把它们依次排成队，挂在一个称作"虡"的架子上，叫作"编钟"或"编磬"。因为每个钟或磬的音调不同，按音谱打击起来，可以演奏出美妙的乐曲来。这种组合乐器的演奏，显然需要一定技巧。据《周礼》上说，那时已经有乐师教授。

在春秋时期就有专门制造磬的工匠，叫作"磬氏"。他们总结出校音的经验"已上则磨其旁，已下则磨其端"，就是说当石磬的发音频率太高时，通过磨磬体的两面，使它变薄，降低它的振动频率。当磬体的发声频率太低时，就磨它的两端，使磬体相对变厚，从而可以提高振动频率，获得所需要的磬声。

在河南省信阳市出土的一套十三枚春秋末期的编钟，每口钟同样能发出两个音。二音频率之比大多是1:1.2左右。钟体上某些部位有磨、锉的痕迹，调音方法符合声学规律。

1978年，湖北省随县一座战国时期的曾侯乙墓中挖出几组编钟，大小64件，总重2 500多千克，六个青铜铸造的佩剑武士，双手支托钟架横梁，整个文物都保存完好，造型奇特，蔚为奇观。奇妙的是，只要准确地敲击钟上两个不同的标音位置，每一口钟都会发出两个不同的乐音。虞上、中层编钟发音清脆嘹亮，给人以明快之感，下层编钟则深沉宽宏，浑厚朴实。

　　用青铜铸造是为了求得更好的发音效果，古人还摸索出了铜、锡的配方比例以 6:1 为佳的经验数据。特别是他们发现了钟体厚薄、钟口大小与其振动、发音的频率高低、清浊、抑扬顿挫之间的关系，指出钟太厚声音发闷，不明快；钟太薄声音太散，不结实，都于音色不利。《考工记》里还记述了钟的形体与传播距离的关系："钟大而短，则其声疾而短闻，钟小而长，则其声舒而远闻。"这些都是符合声学原理的。

　　古钟的造型，起源于西周中期的甬钟，为了声学效果良好，"古乐钟皆扁如盒（合）瓦"。这究竟是什么道理呢？古人自有主张，但这一套后来失传了。外行制钟，一味追求好看，都制成了圆钟。"急叩之晃晃然不成音律"。这个千古疑案直到宋朝沈括手中，才迎刃而解。沈括对古乐钟的发声问题做了深入的研究，正确地解释了古乐钟为什么铸成像片瓦合在一起那样形状的原因。从演奏效果看，圆钟受击后在快速旋律中，易发生声波干扰，而古代的扁钟却没有这个弊病。这个分析是符合近代声学原理的。

知识链接

　　1. 中国是制造乐钟最早的国家。欧洲的钟，据传是由荷兰人从中国带回去的。德国乐器史家沙赫（C.Sachs）讲到，欧洲有两种钟：一种形似蜂房，带有钟舌，小而薄，有微弱的呜咽声；一种是现代的郁金香花型，约在 1200 年时采用。前一种钟与中国编钟形状类似，但在欧洲并未发展成乐器；后一种钟与中国编钟颇有差别。从 9 世纪起，西方才有少量的圆形钟组成的编钟。约在 11 世纪末、12 世纪初，在欧洲的一本有关艺术和工艺的著作 *Diversarum Artium Soludula* 才有关于铸钟的文字描述。

　　2. 如果将中国传统的编钟和西方以及印度传统的教堂寺庙钟（即圆形钟）做一比较，人们不难发现它们结构形状各具特点：编钟外形为椭球壳状，其横截面为椭圆；圆形钟的外形为圆球壳状，其横截面为圆。

　　编钟外表有许多突起的乳头和花饰；圆形钟一般外表光滑。编钟的钟肩是椭圆平面；圆形钟的钟肩是半圆球形。

　　编钟的内表面经调音磨锉，现出一道道竖直的条形声弓；圆形钟的内表面呈现整齐划一的声弓结构。

　　编钟悬挂牢固，从不摇晃；圆形钟悬挂不牢，容易晃动，不少钟还带有钟舌。

　　由于以上特点，编钟和圆形钟的发声有巨大差别。圆形钟在被击之后，声音悠扬长久，各种谐波分音很难衰减，特别是其嗡音不易消失，被连续敲击之后，发音相互干扰，因此，不能作为乐器使用。而编钟发声短，容易衰减，据实验测定，在敲击之后 0.5 秒，全部高谐音消失，基音也开始衰减，1 秒之后基音也消失大半，因此完全可以作为乐器使用，并适宜于慢速、中速以及较和缓的快速旋律的演奏。

2. 吹奏乐器

早在 7000 多年以前的新石器时代，我们的祖先已经开始将吹奏乐器用于狩猎。浙江余姚河姆渡遗址发现 160 件骨哨，就是一种有趣的助猎工具和原始乐器。经过试验，有的至今还能吹出简单的音调，和鸟鸣的声音非常相似。可以想象，当年河姆渡人就是利用这种骨哨所发生的声音引诱鸟儿飞来，然后用箭射杀，或用网诱捕的情景。无独有偶，西安半坡遗址也出土过两件陶哨，形似橄榄，这是商朝晚期才基本定型的旋律乐器陶埙的雏形。原始人还有一种比陶哨、骨哨更有趣的狩猎工具，叫作"鹿笛"。吸鹿笛时，可以发出公鹿的叫声；吹鹿笛时，可以发出母鹿的叫声。至今东北鄂伦春族和其他少数民族，仍在每年七八月母鹿发情期间，用木埙（鹿笛）模仿母鹿叫声，把茫茫林海中的公鹿引诱出来，从而将其猎获，这正是继承了祖先的遗风，可以作为历史传说的一个很好佐证。

殷朝的甲骨文中，已经出现了"篪"字，观其字形，很像原始的排箫。《风俗通》记载："舜作箫（排箫），其形参差，以象凤翼"，由此看来，排箫的出现是相当早的，并且在音乐技术的实践中，古人已经初步掌握了共鸣和管内空气柱的振动法则。不然，箫、笙一类吹奏乐器就很难有

骨哨

陶埙

半坡遗址出土的陶哨

曾侯乙墓彩漆排箫

所发展，更不可能一鸣惊人。到了春秋时期，笙就成为主要的乐器，并博得"珠垂玉振"的美名，但这类乐器中最重要的毕竟还是箫和笛。

明朝著名的音乐理论家朱载堉对于竹管的选材很讲究。他曾说过："竹虽天生，择之在人。"他还根据自己的经验指出，用河南宜阳县的全门山竹，不如浙江余杭区的南笔管竹为佳。他发现以前的音律研究忽视了管的内径，未能取得成功，他制定了一个在管律中求算管长及内径的公式。这种计算方法传到了欧洲，得到比利时皇家乐器博物馆馆长、声学家马隆的验证和极力推崇。马隆在1890年惊讶地说："在管径大小这一点上，中国的乐律比我们要进步。"

3. 弹弦乐器

在商朝的甲骨文中，已经出现了"槃"字，这个字形象地表现了木架上架有丝弦的样子。因此，丝弦乐器的出现最晚不迟于这一时期。更早，在中国古代神话中已有"庖羲作五十弦（大瑟），黄帝使素女鼓瑟，哀不自胜，乃破为二十五弦，具二均声"的传说。

瑟是一弦一音，只弹散音，比较原始。琴最变幻莫测。时至今日，以琴命名的乐器非常多。《风俗通》上把琴列为十大乐器（琴、筝、琵琶、箜篌、钟、磬、鼓、箫、笙、笛）之首，赞美它"大小得中而声音和，大声不喧哗而流漫，小声不湮灭而不闻"。在三大类乐器中，虽然丝弦乐器出现最晚，但琴声激扬优美，婉转清亮，博得了人们的欢心。

到了春秋时期，琴的弹奏技术已经达到相当高的水平。据说师旷鼓琴，通于神明，竟至鸥翔鹤舞。俞伯牙的《高山流水》、三国时

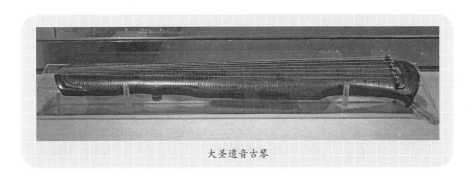

大圣遗音古琴

期嵇康的《广陵散》，都是脍炙人口的千古绝唱。古时候有许多琴，如清角、鸣廉、号钟、自鸣、绕梁、绿珠、焦尾等。这些有名的古琴，虽实物已不知所终，仅是其漂亮的名字已足以令人神往。春秋时人们已经定性地知道了"小弦大声，大弦小声"的规律，也就是音调随弦线粗细密度变化的规律。

我国古时候还知道气候变化将引起弦线音调的变化。空气潮湿时，弦线吸入水分就会变长。东汉王充在《论衡》上说："天将雨，琴弦缓。"值得注意的是在一些出土的古琴上，镶嵌着十三个用螺钿做成的小圆星。据说这就是用来标记古琴上"泛音"位置的"徽"。同时，"徽"还规定了徽分和"按音"的位置。据推算，大约在公元前2世纪以前，"徽"就已经存在。徽位的存在与利用，说明古人具备了声学上的泛音和音乐学上的和声知识。

宋朝沈括对古琴的传声性能进行过很深的研究，写道："以琴言之，虽皆清实，其间有声重者，有声轻者，材中自有五音。""不独五音也，又应诸调。……古法一律有七音，十二律共八十四调，更细分之，尚不止八十四调。"他揭示了物质本身除了能发出和传播合于它固有频率的音以外，还能够传播任意的、无限多的受迫振动之音。

中国古代律学

律学既是音乐学，也是声学的组成部分，中国古代认为"律者，清浊之率法也"。古人以乐音为研究对象，用数学方法研究发声体及其音高（频率）之间的规律取得了成就。

1. 音与律

中国古代对律学一向比较重视。《尚书·尧典》中就有"同律度量衡"的记载。二十四史的大部分都有律历志，其中有关于律的内容。从出土文物如石磬等的研究，夏商时期的人已有绝对音高概念。可能在殷商时期，中国已产生了五声，即宫、商、角、徵、羽，以此构成五声音阶；也可能在西周时期，又发展为七声，即在五声之外增加了变徵和变宫两个变声，以此构成七声音阶。古人是靠听觉器官来判别这些音的音高的，即"以耳齐其声"（蔡邕《月令·章句》）。

由于对成组乐音的认识，就产生了十二律。其名称为：黄钟、大吕、太簇、夹钟、姑洗、仲吕、蕤宾、林钟、夷则、南吕、无射和应钟。考古发现，西周中晚期的编钟已刻有以上一些律名的铭文。这个稳定的命名关系，以黄钟律为标准音高之首，依次各按半音关系顺序排列。

中国古代用"大"或"浊"字表述低音，用"细"或"清"字表述高音，并以"为声有迟有速"的"迟""速"两字表示发声体振动衰减的快慢（《春秋左传正义》卷四十一《昭公元年》），以"比"表示两个乐音的音高相同，以"平调"或"和调"表示人为地使两个同高度的乐音共振，以"应"表示共振现象（《国语·周语》）等。

2. 正律器与管口校正

正律器指用于确定标准音高的律管或弦准，以它所发出的音作为黄钟音的标准高度。大量文献表明，中国古代普遍以律管作为正律器，可能是因为它比弦较少受到风雨燥湿的影响，但也不排除古人首先根据即时调好的标准弦音而确定律管的长度，然后再以该标准律管来校准各种乐器的管或弦的长度。由于历代典籍没有留下有关律管的管径、孔径、开管或闭管、吹奏法等必要资料，加上历代度量衡单位的变迁，因而它的绝对音高已难以考订。但是，正律器无疑经历了逐渐精确的过程。如早先规定黄钟宫音的律管长"三寸九分"（《吕氏春秋·仲夏纪·古乐篇》），后规定"长九寸，孔径三分，围九分"（《月令·章句》）。这表明古人知道管音不仅与管长，而且与孔径有关。

长沙汉墓出土的竹制十二音律管，出土时插在绣花袋内。

用管作正律器，必须考虑管口

校正问题。西晋荀勖第一次提出了管口校正的方法，以管作正律器从此成为标准。荀勖的管是同径开口管。明朝的乐律理论家朱载堉以"围径递减"方法确定管口校正数。他们的方法都是当时声学上的先进成就。

汉朝的乐律家京房曾制作一种"状如瑟"的正律器，叫作"准"。在不考虑管口校正时，他正确地认为"竹声不可以度调"（《后汉书·律历志》），并因此把正律器从管改为弦。后来以弦作正律器逐渐被人认识。南朝梁武帝熟悉钟律，据《隋书·音乐志》记载，天监元年（502）自定四器，"名之曰通。通受声广九寸，宣声长九尺，临岳高寸二分，每通皆施三弦"。各弦粗细不一，均有精确的规格，用以正律有"悉无差违，而还相得中"的结果。

3. 三分损益法

弦乐器弦线发音的高低是由其振动频率决定的，而振动频率又决定于弦长、线密度和张力。大约公元前6—前5世纪，人们已经懂得了音调与弦长的定量关系，这就是闻名的"三分损益法"。这是我国古代最早用数学公式总结物理规律的一个例证。方法是：从一个被认定为基音的弦（或管）的长出发，把它三等分，再去掉一分（即"损一"）或加上一分（即"益一"），以此来确定另一音的长度。在数学上，就是将发基音的弦长乘以三分之二（损一），或乘以三分之四（益一）。依此类推，计算12次，就可以在弦上得到比基音高一倍或低一半的音（即高八度或低八度的音），也就完成了一个八度中的12个音的计算。从这12个音中选出5个或7个，就构成了五声音阶或七声音阶。

古人除了对音调与弦长成反比关系总结出"三分损益法"的规律外，他们还知道音调随线密度变化的关系。《韩非子》记述"大弦小声、小弦大声"，就是这种关系的定性描述。同时，还研究张力对音调的影响：当粗弦调得太紧因而发音太高时，要在同一乐器上调出某一调式，那么细弦就有绷断的危险。

4.十二平均律

以三分损益法计算而得的弦音，自然纯正，悦耳动听。但是，用它计算而得的高八度音，并非是完全的高八度，而是比八度要高。历代的声学工作者，都企图解决这个难题，例如，汉朝的京房和南朝的钱乐之曾用三分损益法，继续将十二律分别扩展到六十律和三百六十律，也仍然做不到"还相为宫"（只是缩小了上述差距），在实用上没有价值。与钱乐之同时代的何承天（370—447）大胆创新，将上述差值（他用的黄钟管长是30厘米）均分为十二等分；加到黄钟以后的各律管上，得到了远相为宫，虽然他的方法有一定的缺陷，但却为以后十二平均律的最后完成开辟了道路。

最后完成这一计算并创造一种全新数学方法的是朱载堉。他在1567—1581年创建了"新法密律"，将八度音程（即2）平均地分为十二等分，他以珠算开方的办法，求得律制上的等比数列，即用发音

知识链接

1.在西方，古希腊的毕达哥拉斯（Pythagoras，约公元前560—前480）研究过律制，发现乐器的琴弦做得越短，发出的音调就越高。他还发现音调的高低只能和琴弦的长度有关。例如，一根琴弦的长度比另一根长一倍，那么它发出的声音恰恰低八度；如果琴弦的比率为3:2，就产生了所谓五度音程；如果其比率为4:3，就产生四度音程；如增加琴弦的张力，音调也随之提高。毕氏据此使用3:2的比例建立五度相生律，在西方常称为毕达哥拉斯律。中国三分损益法的最早记载见于《管子·地员篇》，在时间上相比五度相生律大约早2个世纪。

2.朱载堉（1536—1611），字伯勤，号句曲山人，明朝著名的律学家、历学家、音乐家。朱载堉出生于怀庆（今河南省沁阳市），是明太祖朱元璋的第九世孙，明成祖朱棣的第八世孙，明仁宗朱高炽的第七代孙，郑恭王厚烷之子。早年即随外舅祖何瑭学习天文、算术。后因皇族内讧，父获罪入狱，遂筑室独处十九年，潜心钻研乐律、数学、历学。父死后，不承袭爵位，而以著术终身，其著作有《乐律全书》《律吕正论》《律吕质疑辨惑》《嘉量算经》《律吕精义》《圣寿万年历》《律历融通》《算学新说》《瑟谱》等。《乐律全书》总结前人的乐律理论，并加以发展，其中的《律吕精义》通过精密计算，系统阐明了十二平均律。《圣寿万年历》和《律历融通》论述了历算岁差的方法。

3.在欧洲，虽然有亚里士多德的一位门生阿里士多克西努斯在公元前4世纪就提出了十二等程律的说法，但那肯定只是一种不明确的想法而已。荷兰数学家和工程师斯特芬（S. Stevin）在16—17世纪初提出了十二等程律的精确数学方案，但未发表，300年后的1884年才重见天日，故斯特芬对乐律的发展没产生过实际的影响。公认的欧洲第一本系统论述十二等程律并给出精确计算公式的书，是默森（M. Mersenne）于1636年出版的《无所不在的和谐》，这本书的出版引起音乐界的重视，从而开始了十二等程律的理论研究和实践操作的阶段。

体的长度计算音高，假定黄钟正律为 33.33 厘米，求出低八度的音高弦长为 66.67 厘米，然后将 2 开 12 次方得频率公比数 1.059 463 094，该公比自乘 12 次即得十二律中各律音高，且黄钟正好还原。他用这种方法第一次解决了十二律自由旋宫转调的千古难题。这就是现在的钢琴、手风琴等键盘乐器普遍采用的数理方法。

具有声学特征的中国古建筑

北京天坛的回音壁、山西永济的莺莺塔、河南的宝轮寺塔和重庆潼南的石琴统称为中国四大回音建筑。

1. 回音壁

回音壁位于天坛公园里，天坛建于 1420 年，是明清历代帝王祭天的地方。回音壁和圜丘建于 1530 年，是驰名中外的罕见建筑物。

回音壁是一圈高约 6 米的圆形围墙，半径为 32.5 米。围墙内有三座建筑物。其中一座叫"皇穹宇"，处于北面，原来是皇帝用来祭祖的地方，距围墙最近处约 2.5 米。整个围墙整齐光滑，是优良的声音反射体，贴近墙壁，即使相距较远的两个人都可以小声交谈，如果甲紧贴围墙对乙小声说话，乙不仅能听清楚，还会误认为是从他处传来的呢，这是怎么回事呢？原来整个围墙壁面砌得非常整齐光滑，适于反射声音。声音只要贴墙发出（对着围墙的入射线与切线之间的角度小于 22°），声波就会满足沿围墙的"全反射"，而不受皇穹宇的散射。在这种情况下，连续反射的声音沿着围墙一条折线。一直保持着跟原来差不多的能量，传到双方的耳朵里，所以听起来仍很清楚。但实际上它已经几经周折，绕过了 100 米以上的途径呢！

在皇穹宇南面路上第三块石块，正处于围墙的正中央。据说在这里拍一掌可以听到

天坛回音壁

"啪、啪、啪"三次回音，所以叫作三音石，事实上，不只听到三次回音，还可以听到五六次回音。究其原因，是因为三音石正好处在围墙的中心，掌声等距离地传到围墙，又等距离地反射回来，在中心点合成为第一响；接着再向四面八方传播，碰到围墙后又"反弹回来"，在中心点组成第二响；如此往返不停，便能听到第三、四响等。当然，声波的能量会被逐渐消耗，所以五六响之后，剩下的声音就微弱得人耳觉察不出来了，声能被墙壁和空气吸收了。

在回音壁的南面，有一座由青石砌成的圆形平台，叫圜丘。它的基层占地很广，最高层平台离地约5米，半径为11.4米。除了东南西北四个出入口外，周边都围有青石栏杆。整个圜丘包括地面，都是由反射性能良好的青石和大理石砌成。说是平台，实际并不平，台面的中心略高，向四周微微倾斜，它的声学奥妙就在这里。当有人在台中心叫一声，他自己听到的声音比平常的声音要洪亮。而且似乎是从脚底石板下传上来的。若是两人对谈，也会有同样的感觉。这就是反射的结果。原来台中心发出的声音向四周传播，碰到石栏杆，一部分反射到稍有倾斜的台面上，再从台面反射入耳的缘故。

2. 莺莺塔

山西永济的莺莺塔建于唐—武周时期，为七层中空方形砖塔。后毁于明嘉靖三十四年（1555）大地震。震后八年按原貌修复，并将塔高增至13层，约50米。

该塔最为明显的声学效应是在距塔身10米内击石拍掌，30米外会听到蛙鸣声；在距塔身15米左右击石拍掌，却听到蛙声从塔底传出；距塔2.5千米村庄的锣鼓声、歌声，在塔下都能听见；甚至远处村民的说话声，也会被塔聚焦放大。诸如此类奇特的声学效应，原来是由于塔身的形体造成的：内部中空；外部每一层都有宽大的倒层式塔檐。前者具有谐振腔作用，可以将外来声音放大；后者可以将

位于北京天坛公园里的回音壁

山西永济莺莺塔

41

声音反射回地面，相距稍有差别的 13 层塔檐的总反射会聚于人的耳朵而形成蛙鸣之感。

3. 宝轮寺塔

河南陕州宝轮寺塔

宝轮寺塔位于河南省三门峡市风景区，又名蛤蟆塔。宝轮寺塔始建于唐朝，重建于金大定十七年（1177），距今已有 800 多年的历史。塔门面南，塔高 26.5 米，是一座 13 级的叠涩密檐式砖塔。塔身自下而上逐层收敛，每层塔身分别辟有拱券门、佛龛、窗洞，塔内有梯道和塔心室。

当人们立于塔身四周数十米远的地方叩石或击掌时，塔内便会传来"呱呱呱"类似蛤蟆的回音，回音随着叩石、击掌的加速，声音也会越来越逼真、响亮。

围绕着这座塔还有一段凄婉的传说。在很久以前，有一对金蛤蟆顺流而下来到这里，寄居在宝轮寺塔内，生活悠然自得。一天晚上，一个喇嘛盗走了雄蛤蟆，一去不复返。孤孤单单的雌蛤蟆整日悲啼，凄婉欲绝。喇嘛有一天终于良心发现，允许雄蛤蟆在每年七月初七鹊桥相会之时返回塔内与雌蛤蟆相聚，所以如果游人有幸在七月初七这一天来塔下叩石、击掌，一定会听到幸福、甜美的"蛤蟆"叫声。

4. 潼南大佛寺

潼南大佛寺位于重庆市潼南县西 1.5 千米处。大佛阁依山傍水而建，在大佛寺内七檐佛阁右侧 25 米处，有 42 级宽大的石磴，从江岸直排到山上，犹如一把巨大的石琴。

当人们拾级而上时，脚下便会发出"咚咚"的琴音，其声婉转悠扬，回响不绝。明朝朱孔阳有诗赞之："琴到无弦，听者自稀，上古遗音，造化玄机。"更为奇妙的是，其中的 7 级，回声特别清越洪亮，犹如槌击编钟，又似弹奏绿绮，故俗称"七步弹琴"。

重庆潼南大佛寺

　　石磴建造者独具匠心，因材施技，巧妙地利用涪江边的石壁，在石磴顶部开凿了一条长 25 米，宽 3.2 米的巨大石洞，并在壁顶两侧各植一株古榕覆盖。榕树枝叶茂密、交错，盘旋虬曲。石洞和榕树就像古琴的共鸣箱一样，大大地增强了回音效果。同时，匠人又有意将每级石磴的高度凿成 25~35 厘米厚薄不等，迫使游人上下石梯时不得不轻一脚重一脚，回音也就富于高低变化了，形成了"石磴横琴本无弦，高山流水步蹩边；琴声一动熏风起，解阜如闻弦上弹"的奇妙胜景。

　　据《潼南县志》和大佛寺碑文记载，回音阶在唐朝咸通年间建造，到宋朝建炎元年完成，距今已有 500 多年的历史了，比北京天坛回音壁还要早 104 年。古往今来，石磴岩壁上留下了墨客骚人不少的题刻佳作。游览至此，细细品赏前人的奇丽诗篇，眼观琳琅满目的书法珍品，耳闻清幽飘摇的古琴仙乐，不禁心旷神怡，游兴倍增，顿生"萦回小洞底，豁然异尘寰"的感触。

知识链接

　　1.在古希腊，一些剧场曾使用吸收低频声的共振器，用以改善剧场的声音效果。公元前 1 世纪，罗马建筑师维特鲁威所写的《建筑十书》。书中记述了古希腊剧场中的音响调节方法，如利用共鸣缸和反射面以增加演出的音量等。

　　15—17 世纪，欧洲修建的一些剧院，大多有环形包厢和排列至接近顶棚的台阶式座位，同时由于听众和衣着对声能的吸收，以及建筑物内部繁复的凹凸装饰对声音的散射作用，使混响时间适中，声场分布也比较均匀。剧场或其他建筑物的这种设计，当初可能只求解决视线问题，但无意中却取得了较好的听闻效果。

2.现代建筑声学的建立：建筑物中一直存在声学问题，中世纪的教堂，因空间大、石材墙面多，导致室内声音听不清楚。如1386年开建的意大利米兰大教堂容积达2万多立方米，大理石材质，室内混响时间长达8秒，根本无法演讲。文艺复兴时期意大利建造的大型剧场，声学缺陷也相当明显。18世纪以来兴起的工业化与城市化进程，大型集会增多，建筑物体量越来越大，声学问题凸现出来，理论声学的发展为解决建筑声学问题提供了指导。20世纪初，美国赛宾提出了混响时间和吸声的概念，找到了过长的混响时间是影响语言清晰度的原因，得出了著名的赛宾公式，改造和修建成具有优良音质的音乐厅和演讲厅，建筑声学从此成为一门正式的学科。从20年代开始，由于电子管的出现和放大器的应用，使非常微小的声学量的测量得以实现，这就为现代建筑声学的进一步发展开辟了道路。

3 古代热学知识

热学是研究物质热运动的本质、规律及其应用的一门学科。火的利用是人类文明的起源，为人类提供了热源。中国古人在生活和生产实践中，对热现象的研究和热能的利用一直没有间断，积累了颇多热学方面的知识。

热的产生和对热的认识

远在原始社会，中国古人就会用多种方法取火。中国古代的一些思想家很早就对"热是什么"的问题展开讨论。

1.摩擦起火

在上古时代，除了太阳，火是人们的唯一热源。在原始社会时期，人们已经学会利用火，发明了钻木取火。用两条木片，使其中的一端与另一条快速摩擦，在摩擦点附近放上易燃物，摩擦产生高温，甚至碰出火星，易燃物随即着火。史籍记载，这个方法是由原始社会初期的燧人氏发明的，故称"燧人氏钻木取火"。通过钻木取火，

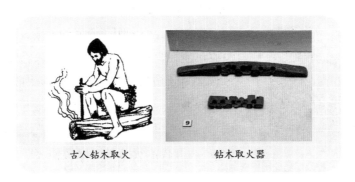

古人钻木取火　　　　　钻木取火器

人们在春秋战国时期懂得了一条热学的基本规律,这就是《庄子·外物》中说的:"木与木相摩则燃。"

古代人还发明了其他摩擦取火的方法。用石块与石块碰撞发火,这种方法至今在有些农村仍然被抽旱烟的老人所采用。摩擦竹片也能发火,以一片竹瓦(竹筒一破为二,似瓦状)覆盖纸灰,在其上穿一小孔,以另一竹片通过小孔往来摩擦,"三四回,烟起矣。十余回,火落孔中,纸灰已红"。

钻木取火是一种费力的原始方法。随着生产的发展,在铁器出现后,大约在春秋战国时期,一种利用火镰石的取火方法随之而生。它是利用铁制火镰敲击坚硬的燧石,铁屑剥落时又因摩擦、敲击而变热,表面因氧化而生成火星,火星落到易燃的纤维(如艾绒)上,即可取火。

2. 点火器和火柴

我国少数民族发明了不少取火的工具,其中景颇族的取火器,看起来简单,道理却很深奥。这种取火器用牛角作外套筒,木制推杆。杆前端黏薄艾绒。取火时,一手握住套筒,一手猛推杆入筒,并随即将杆拔出,艾绒即燃。用口吹艾绒,火苗立刻就产生。显然,在19世纪以前,任何一个民族,都不知道热力学中的绝热压缩过程。在这个过程中,系统不与外界发生任何热交换,由于急速压缩,体积迅速发生变化,才使整个系统的温度快速升高,以达到燃点。景颇族的祖先以他们的聪明才智,在热力学诞生之前很久,就在实践中发明了绝热压缩原理的取火器。这种取火器通过东南亚传到欧洲,被称为"活塞式点火器"。

唐朝时人们发明了原始的火柴,把杉木削成小片,像纸一样薄,将硫磺涂在木片的端点,当它与热灰烬或高温的物体接触时,立即就着火。到了宋朝,市场上就开始成批售卖,叫作"火寸""发烛""焠儿",又叫"引火奴"。近代的火柴是以摩擦使火柴头上的

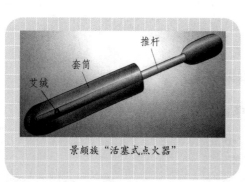

景颇族"活塞式点火器"

药料生火，而它的祖先是接触热灰烬发火。从钻木到火镰石，再到火柴，是古代热学技术不断进步的表现。

3. 关于热是什么的探讨

热是什么？西方自17世纪以来有"热素说"和"热之运动说"之争，在古代中国更早的时期也进行过一些探讨，具有类似的观点。

殷商时期形成的"五行说"中，就把火看成是构成宇宙万物的基本元素之一。在古代，人们往往把火与热等同起来。《墨经》中认为，"火"是包含在木里面的，"火"元素离开木，便是木的燃烧。后来，北宋刘画从五行观念出发，猜想温度变化是一种"内物"在起作用，提出了"金性苞水，木性藏火，故炼金则水出，钻木而生火"。从现在看来，多少有点像18世纪初流行于西方的热素说观点。

此外，中国古代也有用运动的观念来解释冷热的。如唐朝的柳宗元在《天对》中曾提出过"吁炎吹冷"的观点。认为当元气缓慢地吹动时，便造成炎热的天气；迅疾地吹动时，则造成寒冷的天气，以此把冷热和元气的运动快慢相联系。南唐的潭峭在《化书》中写道："动静相摩，所以生火也"。他的思想影响到清朝的郑光祖，使其在《一斑录》中说："火因动而生，得木而燃"。

知识链接

1. 热质说：在西方，长期以来流行热质说。它由古希腊火元素说发展而来，认为热是一种没有质量的流质，叫热质。热质不生不灭，可透入一切物质之中，一个物质是冷还是热就看它所含的热质的多少。热质说能解释有关热传导和量热学的一些实验结果，为许多人所接受。但不能解释摩擦生热、撞击生热等现象。

2. 热之唯动说的确立：与热质说相对立，一些科学家认为热不是一种流质，而是物质运动的一种表现。1798年，英国的伦福特（C. Rumford）把一个炮筒置于水中，用马拉动钝钻与炮筒内壁摩擦，炮筒发热，使大量的水激烈沸腾，这说明热只能是物质的一种运动。1799年，英国的戴维（H. Davy）又以两块冰摩擦使之完全融化的事实支持热是物质运动的学说。他们的事实沉重地打击了热质说，但没有找出热量同机械功之间的关系，未能彻底推翻热质说。19世纪中叶，一些科学家做了一系列实验，证实了热是一种能量，能够和机械能互相转换；英国的焦耳（J. P. Joule）测了热功当量，能量守恒定律得以建立，并被认为是自然界的普遍规律，关于热的本质的争论最终有了结论：热质说最终被推翻，热之唯动说确立。

热胀与热应力

古人很早就注意到了热胀冷缩现象及其引起的热应力，在工程建设、武器制造和金属铸造中能巧妙地利用热胀冷缩现象和热应力。

1. 热胀冷缩

我国古代制造精密器具时，为了避免器具受温度和湿度的影响而发生形状与体积的变化，很注意选料。东汉时班固著《前汉书·律历志》说："铜为物之至精，不为燥、湿、寒、温变节，不为霜、露、风、雨改形。"量器最讲究精密，它的容积应力求不变。唐朝诗人李商隐在《太仓箴》中说："龠合斗斛，何以用铜？取其寒暑暴露不改其容。"可见古人已经意识到物体形状、大小能随温度、湿度而有所变化。

我国著名的都江堰是战国时期李冰设计开凿的，他在开凿过程中，就曾利用热胀冷缩的原理打碎拦路的巨石。都江堰的两岸悬崖，巨石坚硬，钻斧工具无可奈何。李冰就先在石头上放一堆柴草烧，使巨石炽热，然后再用冷水浇，于是可凿。此谓"火烧水淋法"。

都江堰

东汉时期，成都太守虞诩在水利工程中也用了"火烧水淋法"。他曾主持西汉水（嘉陵江的上源）航运整治工程，为了清除泉水大石，用火烧石，再趁热浇上冷水，使坚硬的岩石在热胀冷缩中炸裂，以便开凿。《后汉书·虞诩传》的注引《续汉书》说："下辩东三十余里有峡，中当泉水，生大石，障塞水流，每至春夏，辄溢没秋稼，坏败营郭。诩乃使人烧石，以水灌之，石皆坼裂，因镌去石，遂无泛溺之患。"下辩为县名，在今甘肃省成县西。

李冰父子雕像

古代的名门权贵们常在腰间佩带韘韝剑，剑柄玉制。所谓韘韝，是用两块球形玉相套合而成，形状像个"吕"字，"环口中间，像韘韝旋转，无分毫隙缝"。古人是怎么将一个环形玉的轴塞进

另一个孔洞中的呢？原来是将带孔洞的球蒸煮加热膨胀，然后再将另一个球的轴塞入孔洞。元朝的陶宗仪经过实验之后，得"煮之胖胀"的科学结论。"胖胀"与膨胀是同一个意思。

2. 热应力及其应用

物体热胀冷缩引起的热应力是十分强大的，不容忽视。古代作战与打猎，弓箭为有效的远程武器，制造者与使用者很留心它的热膨胀和热应力，要求弓在严冬和炎夏热应力变化不大。《考工记·弓人》就全面考虑了弓的取料问题："弓人为弓，取六材必以其时。"《梦溪笔谈·技艺》也讨论了这个问题："予伯兄善射。自能为弓，……寒暑力一。凡弓初射与天寒，则劲强而能挽；射久、天暑则弱不能胜矢。此胶为病也。凡胶欲薄而筋力欲尽。强弱任筋不任胶，此所以射久力不屈，寒暑力一也。"

在金属冶炼技术中，由于温度变化范围大，热应力问题最值得注意。殷商时期的青铜铸造工艺中，就设法尽量减少热应力，例如殷朝中期的盛酒青铜器"四羊方尊"（1938 年于湖南省宁乡市出土），高 58.3 厘米，它的羊角头采用"填范法"铸成中空，泥胎不拿出。这种方法不仅节省了青铜，更重要的是可以避免在冷缩过程中由于厚薄关系而引起缩孔和裂纹。同时期的一些青铜器的柱脚（或粗大部分），也采用这种方法，只有柱脚最末端一二十厘米是铸成实心的。这种填范法是为了减少热应力。

测温和测湿

温度与湿度是热学中两个重要的概念。在农业生产中必须注意温度与湿度，它们的变化会影响农作物的生长；在度量衡器具的制作过程中也要十分注意温度、湿度的变化对材料形变的影响，古人在实践中积累了不少有关温度与湿度的知识。

1. 温度的测量

温度是指冷热的程度，我国古文献描述它的词汇很丰富，从低温到高温依次用冰、寒、凉、温、热、灼等表示。这里面显然有区别温度的含意。

古代医学的研究已经认识到人体的温度应当是恒定的，所以可作为测温的标准，也就是"以身试温"。这当然是最粗略的土方法。在对水加热的过程中，则根据水泡形成状况，甚至水中热循环发出的声响来判断温度。

古人在冶炼、制陶、炼丹、烹调等工作中，对温度的观察、测定各自摸索出一套方法。在《考工记》里记载了在冶炼青铜合金的工艺中，以蒸气的颜色作为判断温度的高低："凡铸金之状，金（铜）与锡，黑浊之气竭，黄白次之。黄白之气竭，青白次之。青白之气竭，青气次之。然后可铸也。"这说明，在我国古代，人们已经学会用颜色来判断被加热金属的温度。现在知道，不同物质有不同的汽化点，这样就可用汽化物质的光谱颜色来判断温度的高低；同一种物质，随着加热温度的升高，其颜色也先后变为暗红色、橙色、黄色、白色。这表明，我国古人早在春秋时期，已经掌握用颜色来判断火候（即冶炼温度）的知识。直至今天，农村的制陶、冶炼工人，有时不用温度计，而沿用这种古老的方法来判断锻炼的程度。通过制陶发展为我国特有的精美瓷器，需要有大型的烧窑建筑与精湛的焙烧技术。

在西汉，有人曾试图制作一个测温装置。《淮南子·说山训》说："睹瓶中之冰，而知天下之寒"。瓶中的水结了冰，这说明气温低。同书《兵略训》说："见瓶中之水，而知天下之寒暑。"在瓶中盛了水，当它结冰，可以说明气温低，如其熔解为水，又可以说明气温之升高。这观测范围比前者大，功能比前者好，或许可以认为是一种关于测温器设想的萌芽。

1673年北京观象台根据传教士南怀仁的介绍，首次制成了空气温度计。我国民间自制测温器的也不乏其人。据《虞初新志》记载，清初的黄履庄（1656—？）曾发明一种"验冷热器"，可以测量气温与体温，大概是一种空气温度计。清朝中叶，杭州人黄超、黄履父女俩也曾自制过"寒暑表"，据说颇具特色，但原始记载过于简略，难知其详。

2. 湿度的测量

古人已经察觉到湿度的变化与天气晴雨的关系是十分密切的。西汉《淮南子·说林训》就指出"湿易雨"。民间流传的大量天气谚语，都有类似的说法。王充在《论衡·变动篇》中指出"琴弦缓"是"天且雨"之验。这显然是指大气湿度的变化引起琴弦长度的变化。《淮南子·本经训》中说得更加精彩："风雨之变，可以音律知之。"大气湿度变化引起琴弦长度的变化是极其微小，难于察觉的，但反映在该琴弦所发出的音调高低的变化却是十分明显的。

在西汉时期出现了一种天平式的验湿器。《淮南子·泰族训》说："湿之至也，莫见其形而炭已重矣"。同书《天文训》也说："燥故炭轻，湿故炭重"。可见当时已经知道某些物质的重量能随大气干湿的变化而变化。《说山训》说："悬羽与炭而知燥湿之气"，说的就是天

1.温度计:伽利略于1593年或1603年制造了第一个验温器,这是一个连接在玻璃球容器上的开口管子,将玻璃球预热或装入一部分水后倒放进水里,水在管子里上升的高度随玻璃球中气体的冷热程度引起的胀缩情况而变化.这种仪器因受到气压波动的影响,不是很准确,而且使用起来也不方便。

1709年,由德国迁居荷兰的仪器制造商华伦海特(D. G. Fahrenheit)制造了酒精温度计,1714年他又制造了水银温度计,他通过实验发现各种液体都有其固定的沸点,而且沸点随大气压力发生变化,这为他精确确定恒温点提供了依据。他把冰、水、氨水和盐的混合物的温度定为华氏0度,冰的熔点定为华氏32度,人体的温度为华氏96度。1724年,他又将水的沸点定为华氏212度。

1742年,瑞典天文学家摄尔修斯(A. Celsius)引入了百分刻度法,他用水银作测温物质,水的沸点定为摄氏0度,冰的熔点定为摄氏100度,八年后他的同事斯特雷姆把这两个定点的数值对调过来,这就是一直用到现在的摄氏温度计。

2.湿度计:17世纪,欧洲一些国家的学者利用不同的原理制造出了形式各异的湿度计。意大利佛罗伦萨城西蒙特研究院的学者们研制的湿度计,是带有场套的空心执水锥体,底部放玻璃锥,当其中装入冰时,空气中的湿气凝聚在玻璃锥体内,再由此滴入量筒,根据量筒中的水量可确定相对湿度。法国的阿蒙特(G. Amontons)制成另一种验湿器,器中空气湿度的变化引起木球或皮球缩胀,使管内流出的液体升降。英国的莫利纽克斯(W. Molyneux),又制成一种湿度计,他将金属小球吊在线绳上,小球连有水平指针,由于线绳受湿度变化发生卷曲或放松,引起指针在刻度盘上移动,从而读出度数,作线绳的材料是对燥湿变化较为灵敏的猫肠。英国的虎克(R. Hooke)用燕麦芒受湿弯曲变形的原理,制成与莫利纽克斯式类似的湿度计。

平式验湿器。对于它的结构与原理,《前汉书·李寻传》颜师古的注,引三国人孟康的话,说得尤其具体:"《天文志》云:'悬土炭也',以铁易土耳。先冬夏至,悬铁炭于衡,各一端,令适停。冬,阳气至,炭仰而铁低;夏,阴气至,炭低而铁仰。以此候二至也。"这就是说,把两个重量相等而吸湿能力不同的物体(如羽毛与炭,或土与炭,或铁与炭)分别挂在天平两端,并使天平平衡。当大气湿度变化,两个物体吸入(或蒸发掉)的水分多少互不相同,因而重量不等,天平失去平衡发生偏转。这种验湿器简单易制,灵敏度也较好,使用时间很长,流传时间也很长。

关于物态变化的知识

物质有固态、液态、气态三种状态,温度的变化能使三态之间相互变换。古人在炼丹、农业生产和日常生活中积累了丰富的物态变化知识。

1. 炼丹术中关于物态变化的知识

炼丹是古代炼制"长生不老"之药的一种方法。我国是炼丹出现最早的国家，战国、秦汉以来，在医药方面提供了使用天然矿物性药物能强力治病的一些经验，这样，便由追求天然的"长生不老"之药转而规模较大地用人工炼制"仙丹"来延年益寿。炼丹术就由此而来。古代炼丹家对于物质随温度的变化在三态之间相互变换最有研究。

东汉的魏伯阳在《周易参同契》中就有水银受热容易蒸发的记载："河上姹心女，灵而最神，得火则飞，不见埃尘。"由于水银是金属物质却呈液体状态，团转流动，当它受热后，又容易挥发，显得与寻常的物质不同，所以魏伯阳把它称作"河上姹女"。与此同时，又有"将欲制之，黄芽为根"的记载。这里的"黄芽"指硫磺，因水银和硫磺化合反应后会生成黑色的硫化汞，再加热使它升华，又能变成红色硫化汞的原状（即丹砂）。所以要想办法不让水银蒸发，就可用硫磺把它"制"下来。

《周易参同契》第一次出现了"丹鼎歌"。"丹鼎"就是炼丹用的鼎炉，它是升华过程的重要工具。炉和鼎的建造颇有讲究，它涉及不少关于热学方面的知识，如怎样保持炉的通风、火候均匀、保持温度等。

东晋时著名的炼丹家葛洪在《抱朴子》中对"火法"炼丹有着

古代的炼丹图

葛洪的炼丹井（现存江苏省句容市）

西汉丹鼎

详细的记载。它大致包括煅（长时间高温加热）、炼（干燥物质的加热）、灸（局部烘烤）、熔（熔化）、抽（蒸馏）、飞（升华）、优（加热使药物变性）等方法。

在炼丹中"水法"更多，包括"化"，即溶解；"淋"，即用水溶解固体物质的一部分；"封"，即封闭反应物质长时间地静置；"煮"，即物质在大量的水中加热；"熬"，即有水的长时间高温加热；"养"，即长时间的低温加热；"浇"，即倾出溶液，让它冷却；"渍"，即用冷水从容器外部降温。此外还有"酿""点"以及过滤、再结晶等方法。

在炼丹过程中，常用蒸馏法来提取水银，也就是使水银蒸馏而集中在容器上部的较冷部位。由此说明古代在提取水银的过程中，已经学会运用蒸发和凝聚等热学知识了。升华方法是炼丹术中的另一种方法，古人称为"飞""飞升""飞炼"，不少鼎、匮的设计中，都考虑了升华的作用。

2. 水的物态变化

在日常生活中，水、冰、水汽三者之间的变化，是最常见的物态变化。雨、露、霜、雪是最大规模的物态变化。对水、冰、汽之间的变化，在我国古代早已有所认识。露、霜、雨、雪，是人们在生活和农业生产中接触最多的物态变化实例。由于与生产有密切的关系，所以在古代，人们对物态变化的现象、区别和成因就特别注意，并努力探求其特点和规律。

远在殷朝，就已经有天气方面的记录，记载了有关阴、晴、雨、雾的情况，以及人们求雨之事。

在周朝的《诗经》里，就有"白露为霜"的诗句，表明古人已认识到霜是白色、固态的露。我们知道，露和霜的成因是不同的。当地面上空气中水汽的含量达到饱和状态时，就会凝结出水滴，即是露；而当地表温度在0℃或0℃以下时，则水汽直接凝结成固体，即是霜。由此可见，古籍中的记载还是基本正确的。

雨和雪的形成问题在古籍中也有记载。如在战国时期的《庄子》一书中就有"积水上腾"的提法，表明水受热而蒸发成水汽上升，指出了降雨的前提条件。

王充在《论衡》中对于自然界中雨、露、雪、霜和温度的关系，即蒸发、凝结与温度的关系作了探讨："云雾，雨之微也，夏则为露，冬则为霜，温则为雨，寒则为雪。雨露冻凝者，皆由地发，不从天降也"，还进一步说明："夫云出于丘山，降散则为雨矣。人见其上而坠，则谓之天雨水也。夏日则为雨水，冬日天寒则雨凝而为雪，皆由云气发于丘山，不从天上降集于地，明矣"，并认为"寒不累时则霜不降，温不兼日则冰不释"。从上述这些记载中可以清楚地看出，王充对于雨、露、雪、霜的认识，比较正确地反映了自然界中的热现象和物态变化，并认识到物态变化与热量的积蓄有关，所谓"冰冻三尺，非一日之寒"，并据此反驳当时一些有神论者的说法和唯心主义的臆造。

关于雨、露、雪、霜成因的记载，在汉朝以后的书籍中就更多了，如汉朝的董仲舒在解释雨、霰和雪的成因时，指出"二气之初蒸也，若有若无，若实若虚，若方若圆。攒聚相合，其体稍重，故雨乘虚而坠。风多则合速，故雨大而疏；风少则合迟，故雨细而密。其寒月则雨凝于上，体尚轻微而因风相袭，故成雪焉。寒有高下，上暖下寒，则上合为大雨。下凝为冰、霰、雪是也"。他从"气"的观念出发，解释了水（即阴气）受日光（即阳气）照射后，蒸发成水汽，然后在不同的条件下形成了雨、霰、雪。实际上是叙述了水的蒸发、液化和凝固的三种过程，现在看来，这一解释基本上是正确的。

关于露与霜的成因，东汉时的蔡邕曾明确地指出："露者，阴液也。释为露，凝为霜。"此处的"阴液"就是水液的意思。在《五经通义》中也认为，霜是寒气凝结出来的，是在地面上形成的，不是从天空中降下的。

热能的利用

古人在生活和生产实践中，在利用热能方面积累了丰富的经验。他们利用热传导进行加温和保温，利用热气流的驱动力制成走马灯和孔明灯。火药的发明被称为是中国四大发明之一，在古代中国最早出现了火药武器和火箭。

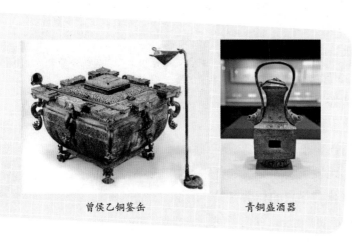

曾侯乙铜鉴缶　　　　　　　青铜盛酒器

1. 热传导和保温器

王充在《寒温篇》中对热传递提出了自己的看法："夫近水则寒，近火则温，远之渐微。何则？气之所加，远近有差也。"我们知道，热传递产生的条件是两个物体的温度不一致，而热传递通常以传导、对流、辐射等方式进行。当时王充认为，"近水则寒，近火则温"，乃是"气"的作用所致。认为热传导是气的作用，而且"远近有差"，这是一个了不起的见解。因为这种看法，反映了王充把"气"作为物体之间进行"温""寒"热传递的物质承担者。同时，王充还指出了物体"温""寒"的传递与距离之间的关系。也就是当距离短时，近水寒，近火温；当距离增大时，热的传递也就"远之渐微"，即热传递和距离成反比的关系。

在我国古代就知道利用热传导可以加温。1978年，随县曾侯乙墓出土的两件保温的盛酒器（曾侯乙铜鉴缶），已有2400多年的历史。这种保温的盛酒器由内外两个独立的容器组成，里面的方形容器是盛酒的，外面的方形容器在冬季用来盛热水的。由于外面容器的容积很大，所以热容量也很大，能有大量的热传给里面容器中的酒，使酒温很快升高，并达到一定的温度，趋于热平衡。这样，壶中的酒得以保温。在夏季，外容器储冰，同样也可以保温。有了它，在寒天可以喝到暖人肠胃的汤浴温酒；在热天则可以喝到沁人心脾的冰镇美酒。

我国古代已有人设计制造保温器，他们懂得要保温就必须阻断热传导。其中最精彩的当数"伊阳古瓶"，这一器具载于南宋洪迈的《夷坚甲志》："张虞卿者，文定公齐贤裔孙，居西京伊阳县小水镇，得古瓦瓶于土中。色甚黑，颇爱之。置书室养花，方冬极寒，一夕忘去水，意为冻裂，明日视之，凡他物有水者皆冻（裂），独此瓶不然。异之，试以汤，终日不冷。张或与客出郊，置瓶于篋，倾水瀹茗，皆如新沸者。自是始知秘，惜后为醉仆触碎，视其中，与常陶器等，但夹底厚几二寸，有鬼执火以燎，刻画甚精，无人能识其为何物也。"这个古瓶的奥秘在于利用约 6.67 厘米厚的空气层来保温，防止了热传导，它是现代保温瓶的雏形。这种利用空气层保温的器皿，以后也有流传（如明朝张鼎思的《代醉篇》），不过在记载上有过于夸大之处。

明朝的方以智在《物理小识》中对防止热辐射以保持低温做了记载："冰在暑时以厚絮裹之，虽置日不化，惟见风始化"。厚絮裹冰阻止其融化的方法至今仍在使用。

走马灯内部构造

2. 走马灯

我国在唐朝开始就盛行上元节玩灯的习俗。灯的名目很多。在宋朝的著作中出现了"马骑灯"，灯上"马骑人物，旋转如飞"，所谓"转影骑纵横"。现在叫作"走马灯"。它的结构原理如右上图所示：在半透明的纸糊的灯笼里面树立一条可旋转的立轴，立轴上部横装着一个叶轮，立轴中部横装几根细铁丝，每根铁丝的两端黏上厚纸剪成的人马形象，下面置一灯烛。灯烛即是热源，由于对流作用，下部热空气上升，冲动叶轮带动立轴，就使铁丝顶端的人马形象旋转如飞，在灯光照射之下，它们投在灯笼纸上的黑影也随之不断旋转。

走马灯

与走马灯相类似的发明物还有宋朝"仙音烛"、秦汉时期的"青玉灯"。据宋朝陶谷记载，仙音烛"其状如高层露台，杂宝为之，花鸟皆玲珑。台上安烛。烛点燃，乃玲珑者皆动，叮当清妙。烛尽响绝，莫测其理"(《清异录》卷下《器具》)。陶谷记载不够详备，仙音烛大致是一个高层蜡烛台，内装有各种小巧玲珑的玩器，其间必装有似走马灯一样的轮轴、叶轮、铁丝。烛火燃烧时，铁丝拨动轻小玲珑的玩物，发出叮咚响声。烛火灭，就没有热气流推动叶轮旋轴，于是音响停止。

青玉灯首次记载于汉朝刘歆的《西京杂记》中："高祖初入咸阳宫，周行库府，金玉珍宝，不可称言。其尤惊异者，有青玉五枝灯，高七尺五寸，作蟠螭，以口衔灯。灯燃，鳞甲皆动，焕炳若列星而盈室焉"(《西京杂记》卷三)。这显然是由于热气流推动了作为灯台用的蟠螭的鳞甲，晃动的鳞甲在灯光下闪闪发亮。可能正是这些较早的发明物，启发了宋朝人制作出各式各样的走马灯。

3. 鸡蛋壳升天和孔明灯

西汉淮南王刘安及其门客所著的《淮南万毕术》有记载："艾火令鸡子飞"。汉朝高诱对此注释道："取鸡子去壳，燃艾火内空中，疾风高举，自飞去"，又说："取鸡子去其汁，燃艾火内空卵中，疾风因举之飞"。这是利用热气对流原理，使鸡子升空的实验。"艾"即艾草，一种草本植物，其叶可加工成艾绒，为古代灸法治病的燃料。这两条注文对鸡蛋壳的处理各不相同。前一种是把鸡蛋的外壳去掉，只留内层的软衣；后一种是不把外壳去掉。前者较轻，后者较重。在鸡蛋壳下端开个小孔，将艾草点燃由小孔放入壳内，壳内的空气受热膨胀，通过小孔向下排出气体，由此产生一种反向推力；同时壳内气体受热膨胀，比重减小，因而获得一个向上的浮力，鸡蛋壳受到这两种力的共同作用。今人按照热气体对流原理所做的模拟实验表明，如果艾火产生的热气流较大，向上有一股冲力，借此可能使鸡蛋的软衣升起一定的高度，再借助于"疾风"的吹动，可使其在空中飞起。但如果不把鸡蛋外壳去掉，蛋壳的重量可能大于向上的升力，则难以飞起。

《淮南万毕术》的记载引发了后人不断探索，直到宋朝还有人做这类实验研究。北宋时，赞宁《物类相感志》中有一段与《淮南万毕术》相类似的记载："鸡子开小窍，去黄白了，入露水，又以油纸糊了，日中晒之，可以自升，离地三四尺。"在日光照射下，鸡蛋壳中的露水会蒸发成蒸汽，当蒸汽由小窍或油纸缝隙喷出时，即产生一种反向推力，当蒸汽全部喷出后，推力也随之消失。

孔明灯

鸡蛋壳升天的这类实验启发后人发明了孔明灯。中国古代关于孔明灯的称谓很多，如飞灯、天灯、云灯、云球等。这种灯是用竹和纸做成方形灯笼，底盘上燃以松脂油。当松脂油燃烧的热气充满灯中时，灯即可扶摇直上，所以又称松脂灯。难以考证其出现的确切年代。据说五代时莘七娘随夫出征入闽，作战中曾用孔明灯作为军事信号。为纪念莘七娘，闽西北农村一直有燃放松脂灯的传统，并称之为七娘灯。

4. 火药的发明和火药武器

大约在唐朝晚期（9世纪末—10世纪初），道士在炼丹实践中发明了火药。在唐朝道教炼丹著作《诸家神品丹法》和《铅汞甲庚至宝集成》收录的"伏硫磺法"配方中，已有硝石、硫磺和木炭的成分。

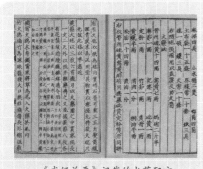

《武经总要》记载的火药配方

"火龙出水"火箭

含有这些材料的炼丹物质在烧炼过程中容易爆炸。当点燃这类混合物进行伏火试验时，就可能发生爆炸，造成丹鼎毁坏，甚至人员伤亡。这类现象启发古人将这些材料组合在一起用于军事目的，由此发明了火药。中国的原始火药是由硝、硫、炭三种基本成分构成，即硝石、硫（雄、雌）黄和木炭。在宋朝曾公亮等人于1040年纂修的军事著作《武经总要》中记载了三种火药配方。该书给出的"火炮火药法"配方为"晋州硫黄十四两，窝（倭）黄七两，焰硝二斤半，麻茹一两，干漆一两，砒黄一两，定粉一两，竹茹一两，黄丹一两，黄蜡半两，清油一分，桐油半两，松脂十四两，浓油一分……旋旋和匀，以纸五重裹衣，以麻缚定，更别熔松脂傅之，以炮放"。其中桐油、干漆、松脂等是较木炭更易燃烧的含碳物质，不仅可代替木炭，同时还可兼做火药球的黏合剂；砒黄为剧毒物质，会产生有毒的烟雾。

火药用到武器的制造上，则是在唐末宋初。那时，人们已经开始制造火药炮了。火药炮是把火药包点燃后，放在抛石机上投出去，威力比石炮要大得多。到了北宋末年，人们分别制造了蒺藜火球、霹雳炮、震天雷等火药武器。火药武器的出现，反过来又推动了对火药的研究和大规模生产。

5. 火箭的制造

火药发明之后，大约在宋朝人们发明了用火药燃烧喷射推进的火箭。明朝初期的《火龙经》中有关于火箭、神枪箭的描述。明朝抗倭名将戚继光在《练兵实纪杂集》中描述了火箭的制造方法，书

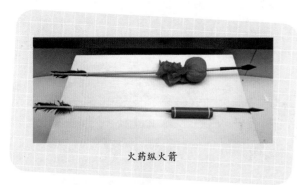

火药纵火箭

中写道："卷褙纸作筒，以药筑之，务要实如铁。以钻钻孔，务要直。孔斜则放去亦斜……每头长以五寸许，所钻药线孔必三分之二。太浅则出不急或坠；太深则火突箭头之前，遂不复行。钻孔需大，可容三线，则出急而平。否则，线少火微，出则不利"。火箭的药线孔位于箭筒

的末端，它既用于装药线，以便引燃火药；同时在火药点燃后，该孔又成为火箭筒的喷射气流孔。火箭筒内的火药点燃后，产生的气体从药线孔中快速喷出，从而推动箭体向前飞行。

中国人在明朝已经发明了多种类型的火箭。茅元仪在《武备志》中记载了各种火箭并一一绘图表示，其中有飞刀箭、飞枪箭、飞剑箭、燕尾箭、一筒多箭、双向火箭、火箭飞弹、二级火箭等。其中被称为"火龙出水"的火箭甚至和现代的二级火箭类似："水战，可离水三四尺燃火，即飞水面二三里去远，如火龙出于江面，筒药将完，腹内火箭飞出，人船俱焚。"即在水战时，使火箭在离水面1米左右的地方燃火，燃火所形成的喷气推进火箭飞行可达约1千米远的地方，好像火龙飞出水面一样。当筒内火药将要烧完时，筒腹内的"火箭"飞射出来，使敌方的人和船一齐燃烧起来。

在《武备志》中还记载了为增加火箭自身威力而进行的许多发

明。如箭头除普通形状外，还有刀形、枪形、剑形、燕尾形等，又如它同时发出去的箭数可达几十甚至上百支。据记载，火弩流星箭，同时发箭 10 支；一窝蜂，同时发箭 32 支；四十九矢飞镰箭，同时发箭 49 支；百虎齐奔箭，同时发箭 100 支。这些都是把多数的火箭装在一个筒里，并把各火箭的药线都连到一个总线上，用时把总线头点着，反作用力再传到各箭上，一齐射出去，从而大大增加了杀伤力。

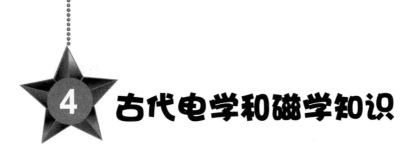

4 古代电学和磁学知识

电学和磁学是研究电磁运动规律的一门学科。在我国古代，随着生产的发展和人们对自然现象的不断认识，较早地积累了某些关于电学的知识，摩擦生电的发现和对雷电现象的观察成了古代电学的先导，而对磁石性质和地磁现象的探究导致了我国古代磁学的发展。

指南针被称为中国古代的四大发明之一，它的应用，不仅对我国古代军事、生产、日常生活、地形测量、航海事业中起过重要作用，而且对促进东西方文化的交流和世界经济的发展都具有不可磨灭的功绩。

电 学 知 识

中国古代很早就发现了静电引力、摩擦起电和放电现象，对雷电现象做了解释，并在建筑物上安装了避雷装置。

1.摩擦起电

我国古代对静电引力现象发现得比较早，但往往把静电力与磁力同时并提，即所谓"磁石引针""顿牟掇芥"。"顿牟"即玳瑁，是一种跟龟相似的海生爬行动物。它的甲壳叫作玳瑁，呈黄褐色，有黑斑，很光滑，十分美观，玳瑁和琥珀摩擦能起电，大约在文字记载之前就发现了。

东汉王充曾记述过经过摩擦的玳瑁能吸引芥籽，并与磁石吸引钢针相提并论，认为芥籽和玳瑁、钢针和磁石具有相同的"气性"，因而能够相互吸引，东晋的郭璞则把这些现象归结为"气有潜通，数也亦会"。意思是说磁石和铁与经过摩擦的玳瑁和芥籽，都具有彼此"潜通"的"气"，所以才能吸引。这种隐晦的说明，仍不失为一种理论的探索。

后来，人们对于静电吸力的观察更加深入。三国时期人们已经知道"琥珀不取腐芥"。腐芥是腐烂了的芥籽，含有水分，难以吸引上来。6世纪时，南北朝的陶弘景在其所著的《名医别录》中说："琥珀，惟以手心摩热拾芥为真。"这就是说，经过人手的摩擦，容易起电，才是真正的琥珀。可见，这时已经知道以是否具有明显的静电性质，作为鉴别真假琥珀的标准，这是电学知识的初步应用。

2. 电致发光

摩擦起电往往伴随着放电现象。因为两个绝缘体摩擦起电，可以使它们之间的电势差很大，致使空气电离发生小火星和噼啪作响声，这叫作电致发光。

世界上最早注意与记录这个现象的是我国晋朝的张华，他在《博物志》里记载了电致发光的现象，书中写道："今人梳头、脱着衣时，有随梳解结有光者，也有吒声。"文中记载了两个静电实例，一个是梳子和头发摩擦起电，另一个是外衣和不同质料的内衣摩擦起电。

到了唐朝，又有人发现另一种电致发光的现象，段成式在《酉阳杂俎》一书中记载，晚上用手去摩擦猫的毛，能产生火星。

3. 雷电现象

在我国，远在4000多年前的甲骨文字中就有了"雷"字。至于"电"字在西周的青铜器上也出现了。

我国古代对于雷电现象的观察和记载十分重视。490年，会稽山阴恒山保林寺为雷所击，《南齐书·五行志》记载："电火烧塔下佛面，而窗户不异也。"这是一个真实的记录。落雷时，地面和云层之间放电，佛面上一定刷有金粉，是一层导体，有强大的电流通过，发出大量的热以致金粉熔化。窗木是绝缘体，所以保持完好。

王充在《论衡》中也以类似观点来解释雷电成因。他指出："盛夏之时，太阳用事，阴气乘之。阴阳分争，则相校轸。校轸则激射。"意思是说，夏天阳气占支配地位，阴气与它相争，于是便发生碰撞、摩擦、爆炸和激射，从而形成雷电。他还用水浇火的过程形象地说明雷电：在冶炼用的熊熊炉火之中，突然浇进一斗水，就会发生爆炸和轰鸣；天地可以看成一个大熔炉，阳气就是火，云和雨是大量的水，水火相互作用引起了轰鸣，就是雷，被这种爆炸击中的人无疑是要受伤害的。

宋朝的沈括，对类似现象记载得更加具体详细，以白话文来表述："内侍李舜举家，曾经遭到大雷击，在他家正堂西边的房间里，雷火自窗户出来，亮晃晃地蹿上屋檐。人们认为正堂已经着火焚烧，都出去躲避。雷停止后，房屋还是原样，只是墙壁和窗纸都变黑了，室里有一个木架，里面放着各种器皿，其中有镶着银的漆器，上面的银全部熔化流到地上，而漆器都没有被烧焦。还有一把刀，钢质十分坚硬，就在鞘中熔为钢水，而刀鞘却依然完好。"

这段记载十分翔实，在雷鸣时，强大的电流只能在截面积很小的通道通过，空气电离发出耀眼的光亮，并产生巨大的热量引起高温，传到墙上和纸上就变成黑色。木架刚好在通道上，电流经过金属的刀和漆器上的银，使它们温度升高立即熔化。刀鞘和漆器是绝缘体，不能传导电流，只受到传来的热量，时间又极为短暂，因而仍能保持原状。

宋朝的庄绰在《鸡肋篇》里记载，他在南雄任职时曾看到当地的福慧寺被雷击中，有一尊骑着狮子的佛像，上面涂的金粉全都熔化掉了，其他色彩却依然如故。这和沈括见到的"雷火熔宝剑而鞘不焚"是同样的原因。因此，庄绰说他见到的情况"与沈所书，差相符也"。

4. 古代的避雷装置

关于古代的避雷措施，三国时期和南北朝的书上，已经出现了"避雷室"的名字。但是这个屋宇的结构和避雷原理都已无从考证。

据《后汉书》记载，一次未央宫和柏梁台遭雷电袭击发生火灾，

古建筑屋脊上的瓦饰

保圣寺塔

古代避雷针

事后有一位名叫勇之的方士向汉武帝建议，把瓦做成鱼尾形状（叫作"鸱尾"或"蚩吻"），放在屋顶上就可以防止雷电引起的天火。此后，我国古建筑的屋脊上大多安装了这一类金属瓦饰，有的是龙，有的是飞鱼和雄鸡。虽然它们形状各异，却都有尖状物指向天空。尽管没有引导线与地面连接，但大雨淋湿的屋檐和墙壁，自然起到了接地的作用。由于这类瓦饰高于建筑物之上，即使是猛烈的落地雷，通常也只是击毁瓦饰而保全了建筑物主体。

大约在三国时期，工匠们已经意识到接地的重要性，他们在建造远远高于一般建筑的古塔时，顶部安装了钢铁制造的"葫芦串"，自然着眼于避雷的目的。而且还把"葫芦串"与涂了金属粉末容易导电的塔心柱连接起来，柱的下端又设置了贮藏金属的龙窟，组成了一套十分完整的避雷装置。如江苏省高淳县的保圣寺塔始建于229年的三国时期，塔高31.5米，远远高于周围的建筑群。由于塔顶安装了4米高的铁制古刹，由覆钵、木轮和宝葫芦等部分组成，至今历经千年风雨而从未遭雷击。

明朝，由金属杆、接地线组成的完整的避雷装置也出现了。明初工部侍郎萧询在《故宫遗事》一书中记载，北京万寿山（今北海公园琼岛）绝顶的广寒殿旁"设有铁杆，高数丈，上置金葫芦三个，引铁链于地"，据说是为了"镇龙"，其实是为了防雷。

法国传教士马甘兰游历中国之后，在1688年写了一本叫作《中国新事》的书，书中记载说："中国屋宇的屋脊两头都有一个仰起的龙头，龙口吐出曲折的金属舌头，伸向天空，舌根连接着一根很细的铁丝，直通地下，这种奇妙的装置，在发生雷电的时刻就大显神通，若雷击中了屋宇，电流就会从龙舌沿线下行地底，起不了丝毫破坏作用。"看来这龙头既是一种装饰，也是一种避雷装置，建筑艺术和避雷措施结合得很巧妙。

磁 学 知 识

中国古代最早记载了磁石和磁现象，对于磁体的性质进行了研究，发现了磁偏角，对于极光和太阳黑子有丰富和翔实的记录资料。

1. 关于磁石的最早记载

《管子·地数》（《管子》成书约在公元前4世纪的战国时期，由管仲等人作）有"上有慈石者，其下有铜金"的描述，这是我国已发现的古籍中有关磁石和磁性矿的最早记载，也是世界上最早记载磁石的古籍之一。

至于明确地提出磁石能吸铁，就现在所知，最早的记载当推公元前3世纪时《吕氏春秋·精通》所写的"慈石召铁，或引之也"。成书年代与上述两书大致相近的《鬼谷子》中，还有"若慈石之取针"的话。东汉的高诱在《吕氏春秋注》中讲："石，铁之母也。以有慈石，故能引其子。石之不慈者，亦不能引也。"所以汉以前把磁石写

磁铁矿

成"慈石"，意即"慈爱之石"。古人对磁石吸铁的性质已早有了解。

西汉《淮南子》还指出："若以慈石之能连铁也，而求其引瓦，则难矣""及其于铜则不通"。这表明，早在汉朝我国已经知道磁石虽能吸铁，但不能吸引其他一些物质，这是用磁石辨认物质的一种尝试。

为什么磁石能吸铁？宋朝的陈显微在《古文参同契笺注集解》中有过这样的解释："磁石吸铁，皆阴阳相感，阻碍相通之理……"这就是说，磁石吸铁是由阴阳相互感应引起的。为什么磁石不能吸引除了铁以外的其他物质呢？东汉的王充在《论衡·乱龙篇》中这样写道："他类有似，不能掇取者何也？气性异殊，不能相感动也。"这就是说，是由于气性不同，不能互相感应的缘故。东晋的郭璞在《山海经图赞》中也有类似的解释，其中写道："磁石吸铁，玳瑁取芥，气有潜通，数有冥合。"

2. 对磁体性质的研究

汉朝时，人们就已经发现磁铁的两极是同性相斥、异性相吸。有个"方士"，做了两个磁体，样子很像棋子，互相接近，据说不但能够相吸，还能够"相拒不休"，就是互相排斥。这就是所谓"斗棋"的把戏。

在长期的社会实践中，人们认识到磁性有强有弱，有的磁体对铁的吸力大，有的小。5世纪时的著作《雷公炮炙论》里，按照吸铁重量的不等，把磁石分别命名。南朝时著名的医学家陶弘景对此做了研究。他在《名医别录》中指出优质的磁石出产于南方，磁性很强，能吸引三根或四根铁针，就是使几根针首尾相连成一条线吸挂在磁铁上。他还指出，质量最好的磁石，甚至能吸引十根以上的铁针。陶弘景说这种优质的磁石能够吸住重量约1千克的铁刀。这是世界上关于磁力测量的最早文字记载。

大约在宋朝，有人已经发现磁力可以"隔碍相通"，张君房在《云笈七签》中说："磁石吸铁，间隔潜应。"现在人们都知道，坐在火车车厢里打开收音机，是收不到无线电广播的。这是因为电台发射过来的电磁波，被车厢的铁皮所阻隔，这叫作"磁屏"作用。张君房虽不可能从理论上阐述磁屏，但能记述下这样重要的文字，也很有价值。

清朝初期刘继庄在《广阳杂记》中记载有一件事。有人问他，什么东西可以阻隔磁石对铁的吸力，他的过房儿子阿孺替他回答：只有铁可以阻隔。那人对此很感兴趣，回去就动手试验，果然如此。刘家父子可以说是我国最早发现"磁屏"的人。

3. 磁体的指极性和磁偏角

一个长形磁体，把它提起来让它自由旋转，当它停止下来的时候，总是指向南北。这两端分别叫作磁体的南极和北极。原来地球就是一个最大的磁体，它的两极分别接近于地理的南极与北极，所以把磁体在地球的表面上支挂起来，它可以自由转动，这是由于同性相斥，异性相吸，使磁体静止下来总是指向南北。指南针就是根据这种性质制成的。大约在战国时期就发现了磁体的这种指极性。

磁体的两极，并不是完全和地球的两极相重，只是"接近"而已，因此，指南针事实上也并不完全精确地指向南北，而是略微有一个偏角，叫磁偏角，尽管磁偏角十分微小，但我国在宋朝就已发现了，沈括在《梦溪笔谈》中十分明确地记载说，磁针能够指南，但"常微偏东，不全南也"。这明确地说明了磁偏角偏向东。这是世界上关于磁偏角的最早记载。以后，元朝和明朝均有记载，明朝的方以智也注意到了磁偏角偏东。

我国在元、明、清各个时期，看风水用的罗盘都有缝针，从不同时期、不同地域所制造的罗盘，其缝针方位都不一致，表明当时对磁偏角因时、因地不同已经有记录和实际了解。至于因地而异的明确记载，在南宋时曾三异等著的《因话录》中就有了。在这本书的"子午针"一段是这样写的："天地南北之正，当用子午。或谓江南地偏，难用子午之正，故丙壬参之。古者测日景于洛阳，以其天地之中正也。然有于其外县阳城之地，地少偏则难正用，亦自有理。"

元朝三合罗盘

4. 关于极光和太阳黑子的记载

我国最早而又准确的北极光记录约在公元前 950 年,《竹书纪年》《太平御览》卷 874 和《古今图书集成历象汇编庶征典》卷 102 等史籍中均有"周昭王末年,夜清,五色光贯紫微"这样的记载。"夜清"即夜深人静之时,指光亮出现的具体时刻,"紫微"是指光亮在天空出现的方位(星座"紫微"的名称,应是后人根据传说附加的)。显然,五种颜色的光贯穿紫微垣天区的壮观现象,引起了人们的极大关注。

我国古代有世界上最丰富的极光记录,据不完全统计,10 世纪前,我国有年、月、日的极光记录共 108 次,而同时期欧洲各国只有 32 次。我国古代的这些宝贵记录,为研究太阳活动和地磁变化等,提供了十分有价值的资料。

太阳黑子

再如太阳黑子,是指太阳光球层上出现的斑点。黑子有强到几千高斯的磁场,它常成群出现,往往发展成为两个具有相反磁极的大黑子,大黑子周围还有一些小黑子,以后缓慢地消逝。《汉书·五行志》上载:"河平元年……三月己未,日出黄,有黑气大如钱,居日中央。"这是现今世界上公认的最早对黑子的观察记载。

事实上,在这以前,我国还有更早的黑子记载。在约公元前 140 年成书的《淮南子》中就有:"日中有踆乌"的叙述。踆乌,就是黑子的形象。比这稍后的还有:"汉元帝永光元年四月,……日黑居仄,火如弹丸。"

同样,我国古代有着世界上最丰富的黑子记录,从汉朝到明朝 1600 多年间,黑子的记载超过 100 次。而欧洲发现太阳黑子从 9 世纪才开始,不仅时间比较晚,而且观测记载也不多。

知识链接

1.在西方，也是很早就发现了磁现象。古罗马自然哲学家普林尼（Pliny）记载了两个传说：其一是说牧羊人玛格内斯在克里特岛的艾达山上时，他的鞋被山石所吸，以至于很难行走；另一个是说，有一座沿海的磁山，它可以使驶向它的船四分五裂，原因是钉在船上的钉子，在磁山的吸引力作用下被拔掉了。

据说磁石这个词，是古罗马自然哲学家和诗人卢克莱修（Titus Lucretius Carus）从磁铁矿的产地——小亚细亚的地名（Magnesia）得来的。卢克莱修在他的《物的本性》长诗中，对磁石吸铁现象作了解释：从磁石中发射出一种看不见的细小微粒，这种微粒通过空气进入铁中，从而引起磁石与铁的相互吸引现象发生。

2.在西方，磁偏角是哥伦布（C.Colombo）在1492年的航海中发现的，他在航海中还发现亚速尔群岛之一的科尔武（Corvo）附近没有磁偏角。在16世纪中叶，意大利人波尔塔提出了磁偏角随地理经度而有规则地变化的设想。磁偏角地域变化和长期变化的问题，直到18世纪初才由英国天文学家哈雷（E.Halley）最终弄清楚。1698年，哈雷远航大西洋和太平洋，以验证他所提出的地球有四个磁极的假说，考察完后，他于18世纪初绘制了磁偏角等变化图。磁偏角的长期变化是从不同时间、同一地点的测量中做出的结论。

3.吉尔伯特（Gilbert）开创了电学和磁学的近代研究。吉尔伯特是英国著名的医生、自然哲学家，他在1600年写了名著《论磁》。书中记录了磁石的吸引与排斥；磁针指向南北等性质；烧热的磁铁磁性消失；用铁片遮住磁石，它的磁性将减弱；磁针与球形磁体间的相互作用等现象。他发现磁针在球形磁体上的指向和磁针在地面上不同位置的指向相仿，还发现了球形磁体的极，并断定地球本身是一个大磁体，提出了"磁轴""磁子午线"等概念。在他的名著中，也叙述了对电现象的研究内容，指出十几种物质摩擦后，可以吸引轻小的物体。他是第一个称电吸引的原因为电力，电引力沿直线起作用，他把电现象与磁现象区分开来，电学和磁学因此有了各自的研究对象，分别成为独立的学科。

4.太阳黑子是在太阳的光球层上发生的一种太阳活动。一般认为，太阳黑子实际上是太阳表面一种炽热气体的巨大漩涡，温度大约为3 000~4 500℃。因为其温度比太阳的光球层表面温度要低1 000~2 000℃（光球层表面温度约为6 000℃），所以看上去像一些深暗色的斑点。太阳黑子很少单独活动，通常是成群出现。黑子的活动周期约为11年，活跃时会对地球的磁场产生影响，主要是使地球南北极和赤道的大气环流做经向流动，从而造成恶劣天气，使气候转冷，严重时会对各类电子产品和电器造成损害。

在西方，伽利略在1609年用自制的望远镜发现太阳里面有黑斑，这些黑斑的位置在不断地变化。他由此断定，太阳本身也在自转。1611年3月，德国医生和天文学家约翰内斯·法布里丘斯也用望远镜观察到太阳黑子，并在同年6月发表了关于太阳黑子的第一篇论文。

指南针的发明和应用

至迟从宋朝初期抑或唐朝末期开始，中国人发明制作了各种类型的磁性指南仪器。指南针的发明被誉为中国古代的四大发明之一，利用指南针制成罗盘，促进了航海业的发展，对于世界历史的进程起了深刻的影响。

1. 指南针

根据文献记载，唐朝的段成式在《酉阳杂俎续集》里有"有松堪系马，遇钵更投针""勇带磁针石，危防井丘藤"的诗句，其中"投针"的"针"和"磁针石"都可能是指南针。

宋朝有不少文献记载了指南针的制作和使用。杨维德的《茔原总录》成书于1041年，是迄今所见有关指南针的最早文献，其中描述了指南针在堪舆中的运用和地磁偏角现象。《茔原总录》写道："宜匡四正以无差，当取丙午针，于其正处，中而格之，取方直之正也。盖阳生于子，自子至丙为之顺；阴生于午，自午至壬为之逆；故取丙午壬子之间是天地中，得南北之正也。丙午约而取于大概。"这是说，用罗盘堪舆时，指南针的指向在丙午之间。午是正南，丙是南偏东15°方向。指针在丙午之间，是说指针指向南偏东7°左右。

宋朝陈元靓所作《事林广记》记载了运用磁石制作指南鱼和指南龟的方法："造指南鱼。以木刻鱼子，如拇指大，开腹一窍，陷好

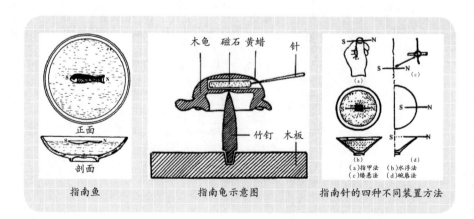

指南鱼　　　　　指南龟示意图　　　　指南针的四种不同装置方法

磁石一块子，却以蜡填满，用针一半釒从鱼子口中钩入。令没放水中，自然指南。以手拨转，又复如出。造指南龟。以木刻龟子一个，一如前法制造，但于尾边敲针入。用小板子，上安以竹钉子，如箸尾大；龟腹下微陷一穴，安钉子上，拨转常指北。须是针尾后。"

指南鱼

将一条形磁石嵌入小木鱼腹内，使其具有磁性；将一铁针插入鱼口中一半，是便于观察南北方向；将木鱼置于水中，是减少其转动时的阻力。这可以说是水罗盘的雏形。指南龟的制作方法与指南鱼类似，指南龟用木头刻成，里面放进天然磁石，然后将腹下挖一个小洞，将它放在竹针或钉子上，可以自由转动。

大约自宋朝以来指南用的磁性体已发展成为针状，它和现代磁针的形状极为接近，铁针的磁性是由磁石摩擦产生的。沈括在《梦溪笔谈》里已有关于指南针的记载。他在《梦溪笔谈·杂志一》中写道："方家以磁石磨针锋，则能指南，然常微偏东，不全南也。"在《梦溪补笔谈·药议》中也说："以磁石磨针锋，则锐处常指南，亦有指北者，恐石性亦不同。"

沈括介绍了指南针的四种不同装置方法：水浮法，把磁针横贯灯芯草浮在水面上；指甲旋定法，把磁针搁在指甲上；碗唇旋定法，把磁针搁在碗沿上；缕悬法，将独股茧丝用少许蜡黏于针腰，于无风处悬挂起来。

沈括亲自做实验，并对这几种装置进行了分析评价，他在《梦溪笔谈》中指出："水浮多摇荡，指爪及碗唇上皆可为之，运转尤速，但坚滑易坠，不若缕悬为最善。其法取新纩中独茧缕，以芥子许蜡，缀于针腰，无风处悬之，则针常指南。"意思是说，用针穿灯芯草，而后放于水面，易摇荡而不稳定；放在指甲和碗沿上，运转灵活，但容易掉落下来；用缕丝悬挂磁针来定向，既避免了以上的缺点，又能运转灵活。文中提到要选新纩中的独茧缕，这是十分科学的。用今天的显微镜观察，蚕丝的纤维组织既不像棉麻那样扁平，也不像毛纤维那样是中空的圆柱体，所以用独缕悬针，本身没有扭转的现象，不会像合股的丝线呈螺旋状结构。再则旧丝放置时间长，多经搅扰，没有顺序，纤维缠绕不合要求。新缫的纤维弹性及韧性较强而均匀，用芥菜籽大小的蜡珠黏合独缕，缀于针腰，这样就不会结扭针腰而使独缕产生扭转弹性。

2. 航海和罗盘

最初使用的指南针没有固定的方位盘。将指南针与刻度盘相结合，使之成为一种辨识方向的仪器，称为罗经盘，或称罗盘。刻度盘产生于中国先秦时期，北宋时出现了磁针，到南宋时，磁针和方位盘相结合，就出现了罗盘。方位盘有二十四向，盘的形状由方形演变为圆形。南宋时的曾三异在《因话录》中讲："地螺或有子午正针，或用子午丙壬间缝针。"此处的"地螺"就是"地罗"，即罗经盘。子午正针是用磁针来确定地磁南北极方向，子午丙壬间的缝针则以日影来确定地理南北极方向，两个方向间所夹的角就是磁偏角。

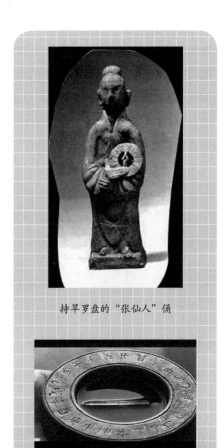

持旱罗盘的"张仙人"俑

水罗盘

罗盘的发明首先用于堪舆家相墓、相宅和看风水。最早出现的应是水罗盘，即磁针的装置为水浮法；还有一种罗盘不用水，它用钉子支住磁针，尽量减小支点的摩擦阻力，使磁针得以自由转动。旱罗盘最晚产生于 12 世纪下半叶。1985 年，在江西省临川区一座葬于 1198 年的宋墓中发掘出两个陶俑，其中一个高 22.2 厘米，右手持一旱罗盘，置于左胸前。罗盘的盘面为圆形，其方向刻度也很清楚。在陶俑的底部墨书"张仙人"三字，因此称这个陶俑为"张仙人"俑，陶俑塑造的可能是一个风水先生的形象。

指南针用于航海的记载始于宋朝朱彧写的《萍洲可谈》，此书记载的是 1099—1102 年广州的蕃坊市舶，在此期间其父在广州做官。文中说："舟

宋朝水罗盘

师识地理，夜则观星，昼则观日，阴晦观指南针，或以十丈绳钩海底泥嗅之，便知所至。"在朱彧之后，北宋徐竞于 1123 年出使高丽，当船队驶出蓬莱山之后，逢阴晦天气。他在《宣和奉使高丽图经》中写道："是夜洋中不可住，维视星斗前迈，若晦冥则用指南浮针以揆南北。"不久，赵汝适在《诸蕃志》中也写道："舟舶往来，惟以指南针为则，昼夜守视唯谨，毫厘之差，生死系矣。" 这说明在 12 世纪初，中国人在航海中使用指南针已经相当普遍了。南宋时开始把磁针与分方位的装置组装成一个整体，这就是罗盘。这在当时的一些文献中做了记载。位盘为二十四向，但盘已由方形演变成圆形。

当时，磁针装置仍沿用沈括实验过的水浮法，这还是一种水罗盘，南宋的朱继芳作航海诗，就有"沉石寻孤屿，浮针辨四维"的诗句。

至于旱罗盘，是明嘉靖年间才出现的，它用钉子支住磁针，并且努力减少支点的摩擦阻力，使磁针得以自由转动。由于磁针有固定的支点就不会像放在水面上那样任意游荡了，它比水罗盘更适用于航海。

知识链接

　　一般认为中国人最早创制并使用了磁针和罗盘。大概在 12 世纪末到 13 世纪初，通过海上航行传到阿拉伯，然后再从阿拉伯传入欧洲。

　　据文献记载，欧洲最早知道磁针的是法国人戴普鲁万斯（Gyuot de Prorins），他在 1190—1210 年指出，水手将针和一种难看的石头摩擦后，用草浮于水面可以指北。后来，英格兰的修道士尼坎姆（Alexander Neckam）在其《论器具》书中作了类似叙述。1269 年，法国佩雷格林纳斯（Petrus Peregrinus，生活于 13 世纪）设计制造了带有刻度的罗盘。

磁罗经

　　到了 14 世纪，欧洲出现了一种万向支架，它由两个铜环组成，小环内切于大环，用枢轴连接起来，再用枢轴把外环安在固定的支架上，然后把旱罗盘挂在内环上，这样，不论船体怎样摆动，旱罗盘都可以保持水平状态。18 世纪末，蒸汽机用于海船，轮机的强烈震动，使磁罗盘失去作用。经不断改进，出现了液体罗经，它是在特制的密封罗经体内注满液体，在罗经的底部设有调节液体膨胀的装置，盘下支轴上装有浮体。由于罗经体内注满液体，可以大大减小外界震动对磁针的影响，保持罗面的稳定，有利于在操舵时观测。同时液体的浮力将浮体托起，减轻了盘面在支轴上的摩擦力，使盘面运转自如。这种设计，吸收了中国的磁浮针技术，使磁罗经臻于完善。

5 古代光学知识

在我国古代，很早就开始制造和应用光源，对视觉也有比较正确的认识。平面镜和球面镜等的发明与制造，为我国古代认识光学现象制造了条件。我国古代对光的直线行进、光的反射等几何光学现象认识甚早，且有比较全面的阐述；对色散现象的研究，有精辟的见解；沈括测定焦距方法之巧妙，赵友钦"小罅光景"实验规模之巨大，在科学史上都是罕见的。我国古代积累起的丰富光学知识，对世界古代光学的发展做出了贡献。

光源和光的传播

古人学会取火，灯火（光源）的出现，为认识光学现象准备了基本条件。墨家、沈括、赵友钦等应用针孔成像探究光的传播问题取得了卓越的成就。

1. 取火和人工光源

在古人看来，天空中最大的发光体是太阳，最大的反光体是月亮，唯有太阳能给人带来光与热。原始社会时期，古人学会取火，才有了灯具——人工光源。

古时取火的工具也称为"燧"，金燧取火于日，木燧取火于木。历史记载表明，我国古人早就开始利用凹面镜对着太阳取火了。史籍中常见的"夫燧"或"阳燧"，就是古人对凹面

西周阳燧

镜的称谓。如《周礼·秋官司寇久》："司炬氏，掌以夫燧，取明火于日。"由于当时大部分阳燧是用金属制成的，所以又称作"金燧"。

《庄子》明确地指出："阳燧见日，则燃而为火"。东汉高诱著的《淮南子注》详细介绍了阳燧的使用方法，"阳燧金也，取金杯无缘者，熟摩令热，日中时以当日下，以艾承之则燃得火也"。即取去掉边缘的金属杯，用力擦亮，中午将金属杯对着太阳，艾绒则放在光线聚合的地方，可燃烧取火。王充在《论衡》中，有"今使道之家，铸阳燧取飞火于日"之说。《礼记》中也有"左佩金燧""右佩木燧"之记载。人们行军、打猎，总是随身带着取火器。晴天用凹面镜取火于日，阴天则钻木取火。可见我国古代阳燧的制作和使用还是比较早的。阳燧取火，既创造了人造光源，又是人类利用光学仪器会聚太阳能的先驱，确实是我国古代光学史上的突出成就之一。

最原始的灯具是燃烧着的一根树枝或一束植物的根茎，但是由于燃烧速度太快，它们的发光并不稳定。后来，古人发现，松枝条是比较好的灯具，因为它含有较多的松脂。西周时期，像松枝灯一类的灯，被称为"庭燎"。

燃烛作为光源，多见于秦汉礼仪方面的记载。从《礼记》《仪礼》等中看，"烛"字有火炬之意。公元前210年《急就篇》中的"蜜烛"，则是以纤维或竹做烛芯，浸黏煎溶的蜜蜡而制成。烛芯粗，浸入的次数多，制成的蜡烛就粗大、亮度高，经久耐用。后来的"膏烛""蜡烛"等名词大概也源于此吧。蜜蜡则是蜜蜂之巢煎溶后所得之。

西汉长信宫灯

用油点灯作为光源在《周礼》上有记载，宫廷仪式中司炬氏用麻子油灯。公元前3世纪，地处沿海的燕国宫廷里用鲸或海豹油点灯。据记载，秦始皇墓中的灯油由鲸鱼膏制成。先秦时期的油灯，在考古发掘中多有出土，以后发展成为吊灯或宫灯。汉朝巧匠丁缓发明了"常满灯"，据说，这种灯具能自动添油。在河北省满城区出土的西汉"长信宫灯"，具有可装卸的活动灯座、灯盘和灯罩。灯盘可以转动，灯罩可以开合，从而可随意调节灯光的亮度和照射方向。

2. 光的直线传播与针孔成像

墨家对光学研究做出了贡献。《墨经》中有八条是关于光学方面的，第一条是叙述影的定义与生成；第二条说明光与影的关系；第三条则畅言光传播的直线性，并且用针孔成像的实验来证明它；第四条说明光有反射的性能；第五条论光和光源的关系；第六、七和八条分别叙述了在平面镜、凹球面镜和球面镜中物和像的关系。文虽只八条，寥寥数百字，却相当严谨，毫无臆测之语。不论是就写作的年代还是对光学现象的科学记载，这部书都堪称世界最早的光学记录。

公元前4世纪，墨家做了世界上最早的针孔成像实验，并且给出了正确的解释。

《墨经》的梁本第二十条，经云："景倒，在午有端。"《经说》（"说"是对于经文的解释、补充或引申）云："景，光之人，煦若射；下者之人也高，高者之人也下。足蔽下光，故成景于上；首蔽上光，故成景于下。"用现代语讲："光向人照去，好像射箭一样，从下照去的光到高处去了，从上面照去的光到下面去了。脚遮住了下面的光线，所以成影在上面，头遮住了上面的光线，所以成影在下面。"午，是一纵一横相交之点，可理解为针孔照相匣上的小孔，而端，就是光线经小孔所成的光束，所以"景倒，在午有端"，就是自人发出的光线交于针孔而成光束，足蔽下光成景于上，首蔽上光成景于下，故得头在上，足在下的倒影。经说中"煦若射"，以"射"来描绘光线径直向前、疾速似箭、远及他处的特性，不仅生动形象，而且相当准确。墨家首次十分明确地提出了光的直线传播概念，同时对小孔成像也作了成功的、较为细致的阐释。

宋朝的沈括在《梦溪笔谈》里也记载了小孔成像实验。他先直接观察鸢儿在空中的飞动，看到地面上的影子也跟着鸢儿移动；影子移动的方向，和鸢飞的方向一致。然后他在纸窗上开了一个小孔，使窗外飞鸢的影子，呈于室内的纸屏上，他发现"鸢东则影西，鸢西则影东"。他又观察到，当光线穿过窗上小孔时，窗外的楼塔等物，所成的影子也是颠倒的："窗隙中楼塔之影，中间为窗所束，亦皆倒垂。"

3. 赵友钦的"小罅光景"实验

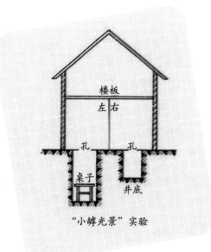

"小罅光景"实验

14世纪，元朝的赵友钦研究了日光透过墙的孔隙所形成的像与孔隙之间的关系，他观察到"室有小罅（xià，缝隙）虽不皆圆，而罅景所射未有不圆；乃至日食则罅景亦为所食分数。罅虽宽窄不同，景却周径相等，然宽浓窄淡。若以物障迎夺此景，则此景较狭而浓"。即墙有孔隙，在孔隙相当小的时候，尽管不是圆的，但像都是圆的，在日食时，像也有缺，与日的食分相同，孔的大小不同，但像的大小相同，只是淡淡不同，假如把像屏移近小孔，所得的像变大，亮度增加。

赵友钦不解其理，就在浙江龙游鸡鸣山筑观星台，建造"小孔成像"实验楼。实验楼是两间土木结构的两层楼房，每间楼下各挖1.33米直径的圆井一口于当中，右井深1.33米，左井深2.67米。左井里放一张1.33米高的桌案。井底有两块直径1.33米的圆板，每块板上钉1 000个铁钉做蜡烛签。实验时点燃1 000支蜡烛，作为模拟的日月——光源。井口的地面上覆盖两块直径1.67米的圆板，板心各开方孔一个，左边那个约3.33厘米左右，右边那个约1.67厘米左右。实验时，可观察到楼板下有两个一大一小、一浓一淡的圆影，用来验证"小孔成像"原理与像的形状、光照强度与孔的大小的关系，实验步骤可分为如下五步。

第一步，他发现光源透过木盖上的小孔，在天花板上形成圆形的像。左右两个像几乎相同，只不过右边因孔大些，所成的像较亮些罢了。

第二步，他留心到平常太阳通过小孔在地上所成的像都是圆形的。当日食时，地上的像也有了残缺。他模拟这一现象，把井底烛盘上的火烛熄掉一半，发现天花板上的像也缺了一半。烛盘缺左半，像缺右半；烛盘缺右半，像缺左半。这证明小孔所成的像是倒像。

第三步，另用一块木板挂在天花板之下接像，也就是缩短了像与小孔的距离（像距），发现像的亮度增强了。

第四步，他撤去左井内的小桌，把烛盘放在井底，也就是增长了光源与小孔的距离（物距），发现天花板上的像缩小了，但亮度却增强了。

第五步，他撤去了覆盖在井口的两块板，另作直径约33.33厘米的两块圆板，右板中心开了一个边长为约13.33厘米的方孔，左板中心开了一个边长约16.67厘米的三角形，各以绳索吊在天花板下，可以调整高度，目的在于同时改变像距和物距。此时，左面的火烛拼成圆形，右面的火烛拼成半圆形。他抬头看天花板上的像，左面是三角形，右边是方形。可见大孔所成的像，只随孔的形状变化，而不随光源的形状变化。这说明了大孔成像和小孔成像是不同的。赵友钦用这个古今中外最大的小孔暗匣做的实验，确实又全面又巧妙，实验步骤记录得也很具体，所得的结论也都是正确的。

知识链接

1. 古希腊数学家欧几里得（Euclid）在他的《反射光学》书中提出了光的直线传播和光的反射规律，并从实验上研究了光线从平面镜和球面镜上的反射等内容。他写道："我们假想光是以直线进行的，在线与线间还留出一些空隙来，光线从物体到人眼成为一锥体，锥顶在人眼，锥底在物体，只有被光线碰上的东西，才能被我们看见，没有碰上的东西就看不见了。"这种描述，一方面反映了他对光的直线传播性的正确认识，但同时也有其局限性——从人眼向被看见的物体伸展着某种触须似的东西。

2. 小孔成像：用一个带有小孔的板遮挡在屏幕与物之间，屏幕上就会形成物的倒像，这样的现象叫小孔成像。前后移动中间的板，屏幕上像的大小也会随之发生变化，这种现象说明了光沿直线传播的性质。当孔比较小的时候，物的不同部分发出的光线会到达屏幕的不同部分，而不会在屏幕上相互重叠，所以屏幕上的像就会比较清晰。当孔比较大的时候，物的不同部分发出的光线会在屏幕上重叠，屏幕上的像自然也就不清晰了。

3. 赵友钦：宋末元初道家学者，江西鄱阳人。宋朝灭亡后，为避免受到新王朝的迫害，他浪迹江湖。在天文学、数学和光学等方面都有成就。他注《周易》数万言，著有《革象新书》《金丹正理》《盟天录》《推步》《立成》等书，除《革象新书》外的其他著述，都已失散了。他在《革象新书》的"小罅光景"，记载了对于光线直进、小孔成像与光照强度的实验研究。

镜 面 成 像

古镜是人们认识自己面貌的一种工具。自古以来，我国对古镜的研制极为重视，形成了一个五光十色的古镜世界，其中有平面镜、凹面镜、凸面镜等，还有奇特的"透光镜"，古人对于这些镜子的物像关系进行了探究，形式多样的古镜从一个侧面反映了我国古代光学及其工艺技术的高度成就。

1. 平面镜和凹透镜

墨家对平面镜做了论述，经："景迎日。说在转。"说："景。日之光反烛人，则景在日与人之间。"墨家在此条中描述了一种反射现象——人影投平面镜的反射现象：在迎向太阳的一面，是因为光经过镜子的反射而转变了方向。人站在日与镜之间，日光经过镜子反射到人体上背向太阳的一面，则人的影子就投在日与人之间。这个实验的原理与月面灰光的成因非常相似。可以认为，镜子相当于大地，人体相当于月球，背向太阳的半个人体表面就相当于"月魄"，那里只被反射光所照耀。

墨翟和他的学生对凹面镜作了深入考察和明确记载。对于凹面镜的物像关系有清醒的认识。一种情况是物体放在"中之内"（焦点之内）。墨家认为物体离焦点近些，则所照大些（"所鉴大"，意思是视角大），因此产生的像也大些；物体离焦点远些，则所照小些（"所鉴小"），因此产生的像也要小些。在这种情况下，像必定都是正立的。也就是说，物体从焦点开始移动（"起于中燧"），正立着而往镜面方向挪远其位置（"正而长其置"）。值得我们注意的是在这一记载中，后期墨家已对焦点和球心作了区分，给焦点起了专门名词，称为"中燧"，其意思是"火的中心点"。

另一种情况是物体放在"中之外"（即球心之外）。墨家认为物体离球心近些，则所照大些，产生的像也要大些；物体离球心远些，则所照小些，产生的像也要小些。在这种情况下，像都是倒立的。就是说物体在球心同自己的像重合之后，背着镜面挪远其位置（"合于中而长其置")。后期墨家已经知道物体及其像是在球心处重合，这种观察是细致且周密的。

由于《墨经》作者当时是把观察者自身当作物体来进行实验的，对于物体在球心和焦点之间，成像于球心之外（即观察者身后）无所见，则是十分真实自然的。

2. 凹面镜焦点的测定

沈括在《梦溪笔谈》中讲到了一个著名实验：将一指置于凹面镜前，观察成像情况，发现随着手指与镜面距离的远近移动，像也相应发生变化，从而说明凹面镜所成像和物体与镜面的距离（即物距）有关："阳燧面洼，以一指迫而照之则正，渐远则无所见，过此遂倒。"即手指靠近凹面镜镜面时像是正的，渐渐远移至某一位置（焦点处），成像在无穷远，故"无所见"，这一位置严格讲是"一段距离"，因为物在焦点与球心之间时，成像落在人眼之后，仍"无所见"，移过这段距离，像就倒过来了。

这一实验既正确地表述了凹面镜成像的原理，又是测定凹面镜焦距的一种粗略方法。在这里，沈括用自己的手指当作物体，把物体（手指）和观察者（眼睛）分开进行实验，能比较详尽地描述成像的各种情况，是科学方法上的一大改革。他发现了成正像与成倒像有个分界点，导致他进一步发现了近代光学上的焦点。他为此作了这样的记载："阳燧面凹，向日照之，光皆聚向内，离镜一、二寸光聚为一点，大如麻菽，著物则火发，此则腰鼓最细处也。"之后又说："阳燧照物皆倒，中间有碍故也。"沈括把这一聚光点，形容如"麻菽"，麻即芝麻，菽是豆类的总称，意思说焦点只有芝麻、豆粒那般大小，并把它叫作"碍"，用"腰鼓最细处"对光束加以形象的比拟，十分贴切，还说此点距离镜面大约有 3~6 厘米，揭示了焦距的大体位置，这种见解，在当时无疑是非常高明的。

3. 凸透镜成像

关于凸面镜成像问题，墨家也进行过实验研究。认为镜面呈凸形，所成的像只有一种。物体离镜近些，则照起来大些，像也大些；物体离镜远些，则照起来小些，像也小些，凸面镜的像必定是正的，恒位于镜的另一侧，估计像比物小。墨家的这种认识基本上是正确的。凸面镜不能成实像，只能成一个正立的虚像。

我国古代镜工已能运用凸面镜成像的规律，通过反复比较、量度、试验人面与镜子的大小比例，来确定镜面的曲率，以制出与人面"大小相若"（相称）的铜镜。

沈括在考察了古代铜镜的大小、曲率与成像的关系，指出了当时使用凸面镜中存在的一些问题。有人发现古镜呈凸球面状，不懂此中奥妙，就把它磨平。沈括认为这是错误的。沈括知道铜镜的曲率越大，则像越小；反之，曲率越小，则像越大。他指出，古人铸造反射镜，大镜子就呈平面，小镜子就呈凸面。凹镜照出人脸的像要大些，凸镜照出人脸的像要小些。"小鉴不能全视人面，故令微凸，收人面令小，则鉴虽小而能全纳人面。"即用小镜看不到人脸的全像，所以把它做得稍凸一些，以便使人脸的像变小。这样，镜子虽小，仍然可以照见完整的人脸。造镜子时要考虑镜子的大小，以决定增减镜子的凸起程度，使人脸的像和镜子的大小相称。沈括的说明是完全正确的。

4. 多面平面镜组合

古人对于多面平面镜组合后反射光线的效果，进行过有趣的观察研究，认识到组合平面镜成复像的原因，是由于平面镜相互间对光线多次往复反射的结果。隋末唐初的路德明在《经典释文》里，在对《庄子·天下》的注解《庄子补正》中，对这个道理作了进一步阐述："鉴以鉴影，而鉴以有影，两鉴相鉴，则重影无穷。"告诉我们一镜的反射光线，遇见另一镜，就变为入射光线，经历又一次反射，两镜之间彼此往复，镜中不仅有实物的像，还有像的像，故而同时可见许许多多的像。正是"照花前后镜，花花交相映"。

通过经验性的总结，人们还逐渐知道了平面镜不同角度、不同数量的组合，取得的效果也大不相同。实际上，我们知道，有的组合仅能改变光的前进方向；有的组合可以获得奇异的复成像。大约在公元前2世纪，有人利用平面镜组合反射光线的道理，制成了最早的开管式"潜望镜"，能够隔墙观望户外的景物。"取大镜高悬，置水盆于其下，则见四邻矣。"它的原理与近代使用的潜望镜有些类似。

唐朝法藏讲佛经时，常取十面镜子，八方、上下各置一镜，使它们相对排列，中间放置佛像，用火炬照明。佛像在镜间来回反射，形成光怪陆离的幻境，以此论证从"海和陆"的现实世界，通往神奇无限的彼岸世界的佛经理论。

最早的开管式"潜望镜"示意图

魔镜（透光镜）

5. 透光镜——魔镜

关于"透光镜"的形象描绘，最早见于隋唐之际王度的《古镜记》："承日照之，则背上文画，墨入影内，纤毫无失。"上海博物馆珍藏的一面"透光镜"，是西汉的文物，背面有"见日之光，天下大明"八个字，"承日照之"，果然见到背面花纹、文字"透"在屏幕上。

"透光镜"何以能在反射时映出镜背图案和铭文呢？这历来引起人们极大的兴趣。沈括提出了铸造时因厚薄不同，冷却有先后，则收缩

西汉透光镜

有差别的看法，他在《梦溪笔谈》中说："世上有一种透光镜，把镜子放在日光下，背面的花纹和字都透射在屋壁上，很清楚。"有人解释说，由于铸镜时薄的地方先冷，背面有花纹的地方比较厚，冷得较慢，铜收缩得多一些，因此，文字虽然在背面，镜的正面也隐约有点痕迹，所以在光线下就会显现出来。

这里面，沈括认为"透光"的原理主要是"文字虽然在背面，镜的正面也隐约有点痕迹"，这是正确的，因为镜背有花纹，致使镜面也呈相似的凹凸不平，由于起伏微小，肉眼难以分辨。当它反射

光线时，由于长光程放大效应，就能够在屏幕上一一反映出来。

清朝的郑复光在《镜镜冷痴》里，对沈括的分析做了重要的补充。他认为由于铸造时冷却速度不同，铜的收缩力不一，形成镜面隐约有凹凸不平，这种凹凸不平容易在刮磨时消除，虽"照人不觉"，但"发光必现"。他认为这种"透光"是与静止水平面在墙上映出"莹然动"的水光道理相同，因为水面也存在着人难以察觉的波纹，从而指出了长光程的放大现象。

我国的"透光镜"，世有"魔镜"之称，对于它的奥秘，近代和现代的中外学者孜孜以求仍继续探索者颇多。寻找我国古代奇特的"透光镜"的铸造方法和工艺技术，成了当今科学史研究工作中的一个专门课题。

对色散现象的认识

中国古人通过对霓虹、露滴分光和晶体色散现象的观察，对光学中的色散有比较正确的阐述，在理论分析方面也接近近代光学的结论。

1. 对虹的认识和人工造虹

大约从6世纪开始，我国古人开始对大自然中的虹霓现象进行探究。唐初的孔颖达（574—648）曾经概括出虹的成因。他说："若云薄漏日，日照雨滴则虹生。"明确指出产生虹的三个条件：云、日及"日照雨滴"。特别是把日照和雨滴结合一起来考虑，雨滴在一定条件下经过阳光照射就能产生虹。

我国古人不仅对天然色散——虹，有着较为正确的认识，而且还模拟自然，发现了一种喷水似雾的简单办法来进行人工造虹。8世纪中叶，唐朝的张志和记录过这样的人造虹试验："背日喷呼水成虹霓之状。"背向太阳喷出小水珠，能观察到类似虹霓的情景。他清楚地指出喷水的方向和光行进的方向要相同，人才能看见虹。这一实验，引起了后人的研究兴趣，唐以后不断有人重复这个实验。宋朝的蔡卞在《毛诗名物解》中说："以水喷日，自侧视之，则晕为虹霓。"强调必需从侧面观察，才能看到虹霓。张志和蔡卞的观察和试验，不仅验证了虹的生成条件（日照雨滴），而且提出了人造虹的关键点，一个注意了喷水的方向（背日），一个强调了观察的角度（侧视），都在定性研究虹的成因方面取得成功。

2. 露滴分光

在宋朝，已经发现了露滴分光的现象。南宋程大昌有一段重要的记载："凡雨初霁，或露之未晞；其余点缀于草木枝叶之末，欲坠不坠，则皆聚为圆点，光莹可喜。日光入之，五色俱足，闪烁不定。是乃日之光品著色于水，而非雨露有此五色也。"这段文字十分细致地描写了他对一滴水的观察，发现了"日光入之，五色俱足"：是日光照射雨露所产生的自然现象，而非雨露本身有此五色。程大昌在前人与自己观察实践的基础上，还进一步对光的五色来源提出了"日之光著色于水"的重要论断，即现象的本质是太阳光的"光品"（光本身的品质）把颜色赋予水滴（"著于水"）。这已相当接近于太阳光分解即"分光"的现代概念，这是我国学者对光的性质（"光品"）早期的明确阐述之一。

3. 晶体的色散现象

我国从南北朝开始，就发现了某些结晶体的色散现象。那时的著作《金楼子》里面，记载着一种叫君王盐或玉华盐的透明自然晶体，"及其映日，光似琥珀"，"琥珀"的颜色呈红、黄、褐诸色，也就是说，白光通过晶体折射后呈现出几种色光来，这是关于晶体色散的最早记录。后来记载这种现象的就更多了，如"菩萨石""放光石"之类，有的都能够看到"日中照出五色光"的现象；有的还直接写作"日照之，成五色，如虹霓"。

明朝的方以智在《物理小识》里，对晶体的色散和其他色散现象作了总结性记载，他说："凡宝石面凸则光成一条，有数棱者则必有一面五色。如峨嵋放光石，六面也；水晶压纸，三面也；烧料三面水晶亦五色；峡日射飞泉成五色；人于回墙间向日喷水，亦成五色。故知虹霓之彩，星月之晕，五色之云，皆同此理。"方以智不但全面罗列了各种各样的色散现象，包括自然晶体的色散（峨嵋放光石）、人造透明体的色散（水晶压纸和烧料水晶）、水滴群的色散（峡日射飞泉与向日喷水），更重要的是他指出了虹霓现象和日月晕、云彩等现象是相同的道理，都是白光的色散。

知识链接

1. 2世纪，古罗马的托勒密（C. Ptolemaeus）用实验方法研究光的折射现象。他把一个铜钱放在一个称"洗礼盆"的容器底部。假定眼睛的位置使得发射的可见光线刚好通过盆边到达比铜钱略高的地点，然后向盆里慢慢注水，这样好像铜钱自行浮了起来似的，即看起来物体比它的实际位置升高了。托勒密的《光学》五卷原著早已失传，从残留下来的资料可知，他通过折射实验得到的结果是折射角与入射角

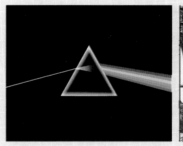

光的色散　　　　　　　牛顿在做光学实验

成正比。实际上这个结论在角度较小时，也能成立，遗憾的是托勒密没有用数学公式把他的观察结果表达出来。

2. 色散：复色光分解为单色光而形成光谱的现象叫作光的色散。让白光（复色光）通过三棱镜就能产生光的色散。对同一种介质，光的频率越高，介质对这种光的折射率就越大。在可见光中，紫光的频率最高，红光的频率最小。当白光通过三棱镜时，棱镜对紫光的折射率最大，光通过棱镜后，紫光的偏折程度最大，红光偏折程度最小。这样，三棱镜将不同频率的光分开，就产生了光的色散。

3. 牛顿光的色散实验：1666年，牛顿做了光的色散实验。他在一间屋里，把所有窗户、门等透光的地方用厚实的布遮挡起来，制造了一个暗室。在暗室向太阳的一扇窗上开一个小孔，让一束窄的太阳光通过这个小孔进入室内，在光束经过的路径上放一块三角形的玻璃棱镜，小洞对面的墙上就会观察到一个由各种颜色的圆斑组成的像，颜色的排列是红、橙、黄、绿、青、蓝、紫，偏离最大的一端是紫光，偏离最小的一端是红光。牛顿把这个颜色光斑叫作光谱。

光学仪器的制造

在我国古代，平面镜的反射成像，曾被巧妙多样地应用起来，做出了各种有趣的器物。如万花筒、探照灯等。自元明以来，随海外光学仪器的传入，我国的能人也学会了制造眼镜、显微镜、望远镜等近代光学仪器。

1. 万花筒

晋朝的葛洪在《抱朴子》中曾提到，用四面平面镜布置起来，摆一些特殊的陈设在镜的中间。这样，人们在镜里面就看见许多的像，真是以一化十，热闹非凡，后来有些道士之类的人用这些玩意儿去骗人。其实，这个装置就是"万花筒"的前身。所谓"万花筒"就是用三面以上的平面镜组成一个筒子，反射面向里，筒里放些各种颜色的纸屑或玻璃屑。每一颗纸屑或玻璃屑都由三面平面镜多次反射成了许多个像，所以把那筒摇转起来时，就显出五彩缤纷的点点繁花，使人眼花缭乱。

清初光学仪器制造家孙云球就正式制造过这种"万花筒"。据说"能化一物为数十"，当时叫作"万花镜"。大家看了都感叹"巧妙不可思议"。不久，黄履庄也制造过一种叫作"多物镜"，大概也是类似"万花筒"的仪器。郑复光在其光学著作《镜镜泠痴》（成书于1835年）记载过"万花筒"，详细解释了它的原理。郑复光在一个六棱柱形的木匣内，放有六面平面镜，并在一个侧面上开个小洞，再在匣子的平面镜中间布置一个小房间，坐着几尊罗汉，从小洞向里看，能看到"千门万户，百千罗汉"。这就叫"罗汉堂"。他还推测，黄履庄曾制造过的"灯衢"，可能就是把整个房间当作匣子，在里面安放几面很大的平面镜而成的，这是一座极大的"罗汉堂"。

2. 探照灯

凹面镜能把平行光线会聚于一点，反过来，把一个光源放在焦点上，经过它的反射也能成为一束平行光线，并能照射得很远。手电筒中的聚光环就是利用这个原理，探照灯更是如此。传说大名鼎鼎的诸葛亮也制造过这类仪器。孙云球制造的"放光镜""夜明镜"以及黄履庄制造的"瑞光镜"，的确就是探照灯。《虞初新志》里记述黄履庄的瑞光镜时说："大小不等，大者直径五六尺，夜以灯照之，光射数里，其用甚巨，冬月人坐光中，遍体生温，如在太阳之下。"黄履庄的探照灯能造得如此巨大，光射得如此远却又不十分强烈，实在是很难得。在外国，直到1765年才有人把反光镜装到路灯上成为"反光灯"，1779年，俄国的库里宾才用凹面镜放在光源后边制成探照灯。

郑复光在《镜镜冷痴》里介绍的"地镫镜"更有了发展。用铜质凹面镜，口径最小在33.33厘米以上，装以螺丝可以活动，以便远近调整，来控制光的集散；而且凹面镜还不止一面，多的达八面。据说在清朝以前，就开始用于舞台照明。

3. 眼镜、显微镜、望远镜

眼镜在元明时期传入我国，它实际上是一种透镜，近视眼镜是凹透镜；远视眼镜是凸透镜。明末，苏州、广州等地对于各种各样的眼镜人们都已能制造，广州出现了"眼镜街"。眼镜工业的兴盛，为我国培养了一批磨镜工，为光学仪器的发展创造了条件，于是我国相继出现了更加复杂的光学仪器。

清朝眼镜盒

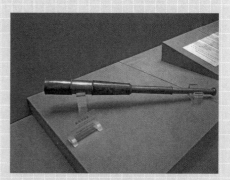
西洋航海望远镜

孙云球制造过一种叫作"存目镜"的光学仪器，据说能"百倍光明，无微不瞩"，可见这是放大镜。另外他还制造过"察微镜"，即显微镜。黄履庄也制造过显微镜。可惜都没有流传下来。

《镜镜冷痴》里介绍过一种显微镜。它是由一片平面镜和一枚凸透镜组成。辰是平面镜，丁是凸透镜，桌上放的是要观察的图书，甲、乙都是螺旋，用以调整光路。这架显微镜的放大倍数虽不比单一的凸透镜大，但足可以减少观察者的视力负担。

古代把望远镜叫作"千里镜"。1608年，欧洲制成了第一架望远镜。1626年，日耳曼教士汤若望与我国李祖白共同翻译了《远镜说》，此书就是介绍望远镜的。三年后，徐光启计划要造三架望远镜，不久之后，徐光启已能用望远镜来观测日食。这比伽利略用望远镜观察月亮（被称为人类科学史上的伟大创举），仅仅迟了22年。同年，薄珏就创造性地把望远镜装置在自制的铜炮上。薄珏的创举无疑为光学仪器作瞄准器开创了先例。后来，李天经（1579—1659）领导的"历局"（制定历法的机构）也制造过望远镜。

民间中，最早制造望远镜的是孙云球，他用自己制造的望远镜，邀有近视眼的好友文康裔，站在苏州郊外的虎丘山上，不但可以看见苏州市内的楼台塔院，很远的天平、灵岩、穹窿等山也历历在目，文康裔看得出奇，竖起大拇指连连叫好。后来黄履庄、谭学元、郑复光、邹伯奇等人也都研究过望远镜。郑复光在《镜镜冷痴》中介绍望远镜极其详细，对于它的种类、原理、用法、构造等都有详细的论述，受到很高的评价。

6 明清时期西方近代物理学知识的传入

明朝之后，我国科学技术由先进转变为落后，然而在欧洲，随着资本主义的兴起，自然科学得到了长足的进步。明清时期，西方自然科学开始输入我国，史称第一次西学东渐。从 18 世纪 20 年代至 19 世纪 40 年代的 100 余年间，由于清朝政府实行闭关锁国政策，致使西方科技知识的传入过程中断。鸦片战争以后，西方的坚船利炮打开了中国的大门，西方的科技知识和文化随之再次向中国传播，史称第二次西学东渐。明清时期的两次西学东渐促使西方近代自然科学包括物理学在内的各门学科在中国传播与发展。

明末清初翻译出版的西方科学著作

明末清初，西方来华传教士与中国学者合作翻译出版了一批著作，1607 年，利玛窦和徐光启合译了欧几里得《几何原本》前六卷，这是中国最早翻译的西方科学著作。西方自然科学知识传入的方式是传教士口述，中国学者笔录，整理后成书，其中含物理学知识比较多的有如下五本著作。

1.《远镜说》

由德国传教士汤若望（J. A. S. von Bell）译著，首刊于明朝天启六年（1626），全书约 4 500 字，有插图 16 幅，介绍了望远镜的结构、功用、光学原理、制造方法和用法等，是中国最早专门论述望远镜的著作。

《几何原本》

2.《远西奇器图说录最》

由德国传教士邓玉函（J. Terrenz）口授，王徵译绘，首刊于明朝天启七年（1627），是从传教士带来的书籍中摘录编译而成。该书编译坚持三个原则："录其最切要者""录其最简便者"和"录其最精妙者"，是中国第一部介绍西方力学和机械知识的著作。

3.《验气图说》

由比利时传教士南怀仁（F. Verbiest）著述，刊于1671年，书中介绍了温度计的制作方法、用法及原理，附有验气图一幅，是中国最早介绍欧洲早期定量温度计的著作。

4.《新制灵台仪象志》

由南怀仁纂著，清朝钦天监官员多人笔录而成，1674年成书，内容包括天文仪器、力学、简单机械、光的折射和色散、温度计和湿度计等知识。

5.《穷理学》

由南怀仁专门为康熙皇帝学习西学而编纂，1683年进献康熙御

知识链接

1.利玛窦（Matteo Ricci，1552—1610）意大利人。明朝万历年间旅居中国的耶稣会传教士，学者。1571年在罗马加入耶稣会，后被耶稣会派到中国传教，是第一位阅读中国文学并对中国典籍进行钻研的西方学者。他除传播宗教教义

利玛窦

徐光启

《农政全书》

览，该书集当时传入的西学知识之大成，其中物理内容包括力学知识、各种简单机械、光学和热学知识等。

汤若望

南怀仁

外，还传播西方天文、数学、地理等科学技术知识。其著译，数学方面有与徐光启合译的《几何原本》；地理学方面有世界地图《坤舆万国全图》；语言学方面有《西字奇迹》。1615年，他的《基督教远征中国史》（中译本名为《利玛窦中国札记》）一书在德国出版。该书是耶稣会士介绍中国国情的重要著作，对研究明朝中西交通史、耶稣会士在华传教史和明朝后期历史，都具有重要史料价值。出版后被相继译成法、德、西等多种文字。

2. 徐光启（1562—1633），中国明末科学家、农学家。字子先，号玄扈。南直隶松江府上海县（今上海市）人。官至礼部尚书兼东阁大学士、文渊阁大学士，终于位，赐谥文定。他在农学、数学和天文学方面都有重要贡献。徐光启在农事的研究方面，著有《甘薯疏》《吉贝疏》《芜菁疏》《代园种竹图说》《北耕录》《农遗杂疏》。天启五年（1625）开始撰著《农政全书》，共60卷，于崇祯十二年（1639）刊行，与利玛窦等意大利传教士合作翻译了欧几里得的《几何原本》前6卷，以及《测量法义》《简单仪说》和《泰西水法》。他聘请耶稣会士邓玉函、罗雅谷、汤若望编译成46种，137卷的《崇祯历书》。

3. 汤若望（J. A. S. von Bell, 1592—1666），德国人，神圣罗马帝国的耶稣会传教士，天主教耶稣会修士、神父、学者。在中国生活47年，历经明、清两个朝代。他继承了通过科学传教的策略，在明清朝廷历法修订以及火炮制造等方面多有贡献，中国今天的农历是汤若望在明朝前沿用的农历基础上加以修改而成的"现代农历"。他还著有《主制群徵》《主教缘起》等宗教著述。他在西学东渐之中起了重要的作用。

康熙朝封汤若望为"光禄大夫"，官至一品（一级正品）。在德国科隆有故居，塑有雕像。在意大利耶稣会档案馆有他大量资料。

4. 南怀仁（F. Verbiest, 1623—1688），耶稣会传教士。字敦伯，一字勋卿，比利时人。1641年入耶稣会。中国清朝顺治十五年（1658）抵澳门。次年，被派往陕西传教。顺治十七年（1660），奉诏进京协助汤若望纂修历法。康熙八年（1669），为钦天监监副，主持编制《时宪书》。奏请制造六件大型观象台天文仪器，即第谷式古典仪器——黄道经纬仪、天体仪、赤道经纬仪、地平经仪、象限仪（地平纬仪），纪限仪（距度仪），至康熙十三（1674）年完成（现存观象台）。康熙十五年（1676），任耶稣会中国省区会长。康熙十七年（1678）撰《康熙永年历法》32卷，可预推数千年后年历，奉旨加通政使司通政使衔。康熙十九年（1680），奉旨铸造火炮320门，次年完成。康熙帝临卢沟桥观看试放。又作《神威图说》70卷，于康熙二十一年（1682）进呈。康熙二十六年（1687）坠马受伤，次年卒于北京。

明末清初西方物理学知识在中国的传播

明末清初，传教士传入的是一些力学、热学和光学方面的初等知识。这些知识内容较为零散，水平不高，多为应用或实用知识。这与当时西方物理学正处于建立过程中，理论性和系统性不强有关，同时也与受制于传教士的知识水平及其来华的目的。传教士的物理学知识水平有限，来华的目的主要是传播宗教文化，他们不可能全面系统地将西方的物理学知识传播到中国。

1. 力学知识

明末清初，中国人称西方传入的力学知识为"重学"，因为"其术能以小力运大重，故名曰重学，又谓之力艺。大旨谓大地生物有数，有度，有重。数为算法，度为测量，重则即此力艺之学，皆相资而成"。这一时期传入的力学知识主要集中在《远西奇器图说录最》和《新制灵台仪象志》中，包括关于重力、重量、重心、比重、浮力和单摆等知识。

《远西奇器图说录最》卷一，第四款对重力的性质进行了说明："盖重性就下，而地心乃其本所，故耳譬如磁石吸铁，……重物有二，一本性就下，一体有斤两。"《新制灵台仪象志》卷二给出了物体重心的定义："凡有重体之论，必以其重心为主。所谓重心者，即重物内之一点，而其上下左右两重彼此相等也。"该书卷四描述了单摆的等时性："凡垂球，一来一往之单行，其相应之时刻分秒必相等；又凡垂球往来之双行，其相应之时刻分秒亦相等。……夫观垂球往来之数，必观其大弧之往来与小弧之往来，论时刻之分秒皆相等也。又大弧之往来疾，小弧之往来迟，迟疾不同，而其所历时刻之秒，大弧、小弧皆相同也。"

《远西奇器图说录最》卷二介绍了一些简单机械，并讨论了其作用："器之总类有六：一、天平；二、等子；三、杠杆；四、滑车；五、圆轮；六、藤线……""器之用有三：一、用小力运大重；二、凡一切人所难用力者，用器为便；三、用物力、水力、风力以代人力。"

该书卷二，第十九款"等子解"介绍了杠杆原理："此款乃重学之根本也，诸法皆取用于此。有两系重是准等者，其大重与小重之比例，就为等梁长节与短节之比例，又为互相比例。假如 e 大重八斤，与 a 小重二斤为准等，其比例为四倍；则横梁长节从提系到 M 为四分，短节从提系到 i 但有一分，其比例亦是四倍。所以两比例等，其两比例又是互相比例法。"这是西方杠杆原理在中国的首次介绍。《新制灵台仪象志》介绍了滑轮的省力情况和计算："用一轮之滑车，而力之半能起重之全……若用二轮之滑车，则以力之四分之一而能当全重……三四等轮之比例，皆仿此。"

《远西奇器图说录最》卷一先介绍了物体的本重概念（即物体的重量），然后讨论了物体本重与浮力的关系。该书卷一第四十款写道："有宗体，其本雷与水雷等。则其在水不浮不沉，上端与水面准。"第四十一款："有定体，其本重轻于水，则其在水不全沉，一在水面之上，一在水面之下。"第四十二款："有定体，其本重重于水，则其在水必沉至底而后止。"第四十三款："有定体，本轻于水，其全体之重与本体在水之内者所容水同重。"这是阿基米德浮力原理在中国的最早介绍。

《远西奇器图说录最》还介绍了水的性质。该书卷一第三十五款写道："水博不得。假如有铜球于此，水已满其中矣。欲再强加别水，必不得。虽铜球分裂，亦必不能再加。何也？水体最密最稠，再博不去，故也。"第三十六款："水面平，水随地流，地为大圆，水附于地，其面亦圆。……盖大圆不见其圆，视见其长，故视见其平面耳。"这种关于水面形状与地球关系的认识，古希腊人即已有之。尽管如此，这对于中国人还是很新鲜的。卷一第五十七款还讨论了水的压力："水力压物，其重只是水柱。与在旁多水，皆非压重。求水压物重处，止于所压物底之平面。"此外，在利玛窦与李之藻合作编译的《同文算指》（1613 年刊行）以及意大利传教士艾儒略（G.

《远西奇器图说录最》

Aleni, 1582—1649）与杨廷筠合译的《职方外纪》（1623 年刊行）中都有关于阿基米德发现浮力原理故事的叙述。

2. 热学知识

南怀仁在《新制灵台仪象志》介绍了空气温度计的制作方法。它是在 U 型玻璃管内注入一些烧酒（或水），使玻璃管内留有一定的空间，以一水平线为基准，将管子划分成上半部较长、下半部较短的两部分，对应气候的冷热做一些不等分的分度，以作为测量温度的标尺。

许多物质具有吸湿性质，人们可以根据物质吸收湿气后所引起的重量、形状等变化，制成各种湿度计。欧洲在 17 世纪出现了定量化的湿度计。人们利用弦线或肠线干湿程度的不同会影响其扭转程度不同的性质，制成了弦线扭转式湿度计。南怀仁在《新制灵台仪象志》卷四中介绍了这种湿度计的制作及测量方法："欲察天气燥湿之变，而万物中，惟鸟兽之筋皮显而易见，故借其筋弦以为测器，……法曰：用新造鹿筋弦，长约二尺，厚一分，以相称之斤两坠之，以通气之明架空中横收。使上截架内紧夹之，下截以长表穿之。表之下安地平盘，令表中心即筋弦垂线正对地平中心。本表以龙鱼之形为饰。验法曰：天气燥，则龙表左旋；气湿，则龙表右旋。气之燥湿加减若干，则表左右转亦加减若干，其加减之度数，则于地平盘上之左右上明画之。而其器备矣，其地平盘上面界分左右，各划十度而阔狭不等，为燥湿之数，左为燥气之界，右为湿气之界。其度各有阔狭者，盖天气收敛其筋弦有松紧之分，故其度有大小以应之。"这是弦线式吸湿性湿度计。此外，南怀仁在《穷理学》中也叙述了温度计和湿度计的知识。

3. 光学知识

《西洋新法历书》由汤若望和徐光启组织编写，1634 年编成，在介绍西方天文学知识的同时，也介绍了一些光学内容。如其中说："一曰，有光之体，自发光，必以直线射光，至所照之物。二曰，有光之多体同照，光复者必深，而各体之本光不乱。三曰，有大光体，中有暗体，分光体为二，即一光体为有光之两体。四曰，光体射光，过小圆孔，若所照不远，则光仍如本光体之形。五曰，两光体各射光，过小孔，反照之，上体之光在下，下体之光在上，右在左，左在右。"这里说明了光的直线传播、光传播的独立性、本影与半影等现象。该书还描述了小孔成像在日食观测中的应用。

《远镜说》描述了光的反射现象，其中写道："不通光之体可借喻镜面。夫镜有突如球、平如案、洼如釜之类。其面皆能受物像，而其体之不通彻，皆不能不反映物像。反映之像自不能如本像之光明也，所谓反映者此也。""反映"即反射。这里说明光遇到不透明的凸面、平面、凹面的镜面时，会被反射，反射光的强度比入射光要弱。

西方折射知识的传入最早见于利玛窦所著的《乾坤体义》（1605年刊行），该书在回答"日月何得而同现地平"时说："盖其半沉半吐之际人见双形，实非并现。倘月蚀时日月全现，地平上必月。或在西始入地，或在东将出地。而海水影映，并水土之气发浮地上，现出月影，此时月体实在地下，为地所隔。此理可试于空盂，若盂底内置一钱，远视之不见，试令斟水满之，钱不上移宛而可见焉。盂边既隔吾目，则吾所见非钱体，乃其影耳。兹岂非月在地下而景现地上之喻乎？"其中的水盆置钱实验，是古罗马托勒密曾经做过的水折射实验。《远镜说》中列举了一系列日常所见的折射现象："如舟用篙橹，其半在水，视之若曲焉。张网取鱼，多半在水，视之若短焉。又鱼者，见象浮游水面，而投叉刺之，必欲稍下于鱼，乃能得鱼。盖水气两隔，恍惚使然，渔夫习之熟，知其必然，而不知其所以然耳。"为了解释这些现象，书中同样利用了水盆置钱实验。

《西洋新法历书》还用色散实验方法解释虹霓现象。其中说："若虹霓是湿云所映，无从可

《西洋新法历书》，清顺治二年（1645）钦天监补刻本

证。试以玻璃瓶满贮水，别为密室，止穿一隙，以达日光，瓶水承隙，则光透墙壁亦成虹霓。"让日光透过装水的玻璃瓶，产生色散现象，这是近代早期欧洲人做的色散实验。笛卡儿曾用球形玻璃瓶装水，观测日光色散现象。

晚清时期设立的编译机构及出版的科学书籍

晚清时期，出现了众多的编译机构，有为适应西方政治、经济、文化渗入中国的需要，由西方传教士创办的译书机构；也有清政府中开明改革派为求强求富学习西方科学技术而设立的译书机构；还有民间团体为唤醒民众，进行科学启蒙而建立的译书机构。林林总总的编译机构在翻译出版西方宗教类、社会科学类书籍的同时，还刊出了大量西方近代科学技术类的书籍。其中颇具影响的有墨海书馆、美华书馆、益智书会、江南机器制造总局翻译馆等。

1. 墨海书馆

麦都思与中国学者在一起

中世纪《圣经》

墨海书馆（The London Missionary Society Press）是外国教会在上海创办的第一所编译出版印刷所，1843年由英国伦敦教会传教士麦都思（Walter Henry Medhurst）来上海创立。中文名为墨海书馆，馆址在上海城北门外。先后由麦都思、伟烈亚力（Alexander Wylie）和艾约瑟（Joseph Edkins）主持，编辑有王韬、李善兰、管嗣复、张福僖等。经费由教会资助。

该馆当时主要印刷《圣经》和其他宗教小册子。自1850年开始印刷部分科学书刊。1844—1860年，共出版171种书刊，其中宗教书刊占80.7%，各种科学书刊占19.3%。

出版的物理学方面书籍有：艾约瑟和张福僖于1853年译述的《光论》和《声论》，这是中国近代最早的光学和声学译著；伟烈亚力和王韬译述的《重学浅说》在

1858 年刊行，这是力学方面的最早译著；艾约瑟和李善兰根据英国物理学家休厄尔（W. Whewell）著作译述的《重学》在 1866 年印行，这是中国第一部系统介绍包括运动学和动力学、刚体力学和流体力学知识的重要著作。另外，伟烈亚力和李善兰据英国著名天文学家赫歇尔（J. Herschel）《天文学纲要》编译了《谈天》（1859 年刊行），虽然这是一部系统介绍近代天文学知识的书籍，但也包含了相当多的力学知识。

出版的数学书籍有伟烈亚力主译的《数学启蒙》2 卷、伟烈亚力与李善兰合译的《续几何原本》、伟烈亚力与李善兰合译的《代数学》13 卷、《代数积拾级》18 卷。比较重要的科学译著还有 1859 年出版的《植物学》8 卷、《大英国志》、医学书《西医略谈》《妇婴新说》和《内科新说》，重刊了合信所著的《博物新编》和《全体新论》，前书广泛介绍西方天文、地理、化学、光学、电学、生物等科学知识，后书是第一部系统介绍西方人体解剖学的著作。

2. 美华书馆

美华书馆（The American Presbyterian Mission Press）由 1860 年美国传教士创办。前身是 1844 年美国基督教（新教）长老会在澳门开设的花华圣经书房，1845 年迁往宁波，1860 年迁至上海，改名美华书馆。

书馆主要出版《圣经》和宗教书刊及供教会学校用的教科书，还印刷出版了几十种自然科学书籍。光绪五年（1879）出版的《英字指南》是中国近代最早的英语读本；1886 年出版的《万国药方》是中国最早介绍西洋医药的译本；1898 年出版了美国史砥尔著，潘慎文、谢洪赍合译的《格物质学》，该书是介绍天文学、物理学等自然科

美华书馆

《格物质学》

学常识的教科书；又出版了美国罗密士著，潘慎文、谢洪赉合译的《代形合参》和《八线备旨》两本数学教科书。还有《心算启蒙》《五大洲图说》《地理略说》等书籍，它们被用作教会学校教科书。

3. 益智书会

益智书会（School and Textbook Series Committee）是近代来华传教士在中国创办的著名文化传播机构之一，1877 年在上海成立。其主要成员为美国和英国传教士，如狄考文、丁韪良、黎力基、韦廉臣、林乐知、傅兰雅等，总编辑是英国传教士傅兰雅。

益智书会是一个图书编译出版机构，益智书会在中国编辑出版图书约 110 余种，其中大半数是教科书。总计出版算术、几何、代数、测量、博物、天文、地理、物理、化学、地质、植物、动物、心理、历史、哲学、语言等各科教科书共 98 种，其门类丰富多彩，如《形学备旨》《代形合参》《天文揭要》《光学揭要》《西学乐法启蒙》《中西四大致》《治心免病法》《化学卫生论》《声学揭要》《地学指略》《植物学》《代数备旨》等。出版教科书 20 余万册。该会所出版的科学教科书除了提供教会学校的教学需求外，也成为近代中国士人搜求学习近代西方文化知识的重要渠道。20 多年后，中国人才开始自编教科书，初期不少直接采用益智书会的教科书，随后才逐步建立中国教科书的编撰体系。

除了教科书的出版，益智书会还涉及教科书标准化、翻译名词的统一和译书书目的编制与推广等方面。1896 年，益智书会成立了科技术语委员会，以统一术语译名。统一科技术语的工作在以狄考文为主席的委员会领导下进行。他们制订了科技术语统一工作的总则。1904 年，狄考文整理完成《术语词汇》，收录科技术语 12 000 余个，包括 50 种科目。

益智书会关注普及读物的编写。益智书会编写的普及读物图文并茂、生动有趣，如《幼学操身图说》《植物图说》《水学图说》《热学图说》《光学图说》《电学图说》《全体图说》《天文图说》《百兽图说》《百鸟图说》，这些图书均为 19 世纪末流行的普及读物，影响很大。

4. 江南机器制造总局翻译馆

1865 年清政府在上海创办了江南机器制造总局，其附设的翻译馆翻译出版了科学、技术、工程、军事、医药等各类书籍。其中较为著名的物理学著作有如下 9 种。

江南制造局海军部旧址

《数理格致》，这是牛顿名著《自然哲学的数学原理》的最早中文译本，由伟烈亚力和傅兰雅先后与李善兰合作译述。伟烈亚力和李善兰在墨海书馆翻译了牛顿原著中的"定义"和"运动的公理或定律"部分，以及第一篇的前 4 章。傅兰雅和李善兰在江南制造局翻译馆译完了原著第一篇的全部内容，但译本后来佚失。由于种种原因，译述者未能完成此书的全部翻译工作，因而未能出版。

《物体遇热改易记》，傅兰雅和徐寿译述，1899 年刊行。译自瓦特斯（H. Watts，808—1884）辑《化学及其他科学的同类分科辞典》。该书比较全面地论述了热学理论与实验方面的知识。

《声学》，傅兰雅和徐建寅译述，1874 年刊行，译自英国著名物理学家廷德耳（J. Tyndall，1820—1892）的《声学》第二版（1869 年刊行）。该书系统地论述了声学的理论与实验，是中国最早出版的声学专著。

《光学》，金楷理和赵元益译述，1876 年刊行。该书原本为廷德耳 1869 年讲授光学的讲稿，主要内容是波动光学。这是波动光学知识首次在中国系统的介绍。

《电学》，傅兰雅和徐建寅译述，1879 年刊行，译自英国诺德（U. M. Noad，1815—1877）编著的《电学教科书》，比较系统地叙述了 19 世纪 60 年代中期以前的电学知识。

《电学纲目》，傅兰雅和周郇译述，约 1881 年刊行，译自廷德耳《电学七讲教程讲义》，书中概述了电磁学的基础知识。

《无线电报》，英国克尔原著，卫理（E. T. Williams，1854—1944）口译范熙庸笔述，1898 年刊行。该书比较详细地叙述了无线电报的实验和应用。

《通物电光》，傅兰雅和王季烈译述，1899 年刊行，译自美国

医生莫顿（W. J. Morton）与汉莫尔（E. W. Hammer）合著的《X
射线——不可见的照相术及其在外科术中的价值》（1896 年刊行）。
该书除叙述电学基础知识与实验装置外，主要介绍了 X 射线装置
以及 X 射线在医学上的应用。

《金石识别》，玛高温和华蘅芳译述，江南制造局 1871 年刊行，
译自美国著名地质学和矿物学家戴纳（J. D. Dana）编著的《矿物学
手册》，其中包含许多晶体物理学内容，首次将近代晶体学知识系统
地介绍到中国。

此外，翻译馆还编译出版了大量科普著作，其中也有丰富的物
理学内容。例如傅兰雅编译的《格致须知》丛书中有重学、气学、

知识链接

1. 江南机器制造总局：简称江南制造局。它是洋务运动的领军人物曾国藩
和李鸿章于 1865 年在上海创办，由清政府经营的全国规模最大的军用工厂。江
南机器制造总局在西学东渐中对传播西方近代的科学技术起了重要作用，它造
就了中国近代第一流的科学家和工程专家，他们成为全面介绍、学习世界先进
科学技术的开拓者，它对中国工业技术，尤其是兵器制造技术、机器制造技术
和造船技术的发展产生了深刻的影响。

江南机器制造总局在 1868 年设置翻译馆。馆内有徐寿、华蘅芳、赵元益、
徐建寅等中国著名学者，并聘请傅兰雅（J. Fryer, 1839—1928）、金楷理（C. T.
Kreyer）、林乐知（Y. J. Allen, 1836—1907）、伟烈亚力、玛高温等西方人士为
译员。译著选材大多为当时中国闻所未闻的近代科学技术知识，尤其是清政府
推行洋务运动所急需的有关制造枪炮轮船以及声、光、化、电等基础科学知识。
其先后翻译出版的各类书籍有 159 种，总数达 1 075 卷。

江南机器制造总局直接引进制造机器的生产设备，先后生产了多种机器设
备，如车床、刨床和钻床等，该厂建成我国第一艘明轮兵船；炼成我国第一炉钢；
生产了我国第一批无烟火药；引进国外最新专利发明，培养了一大批机器制造
专业管理人才和技术熟练工人。

2. 伟烈亚力（Alexander Wylie, 1815—1887），出生于英国伦敦。1846

江南机器制造总局

江南机器制造总局翻译馆

年他被伦敦布道会派往上海，在墨海书馆工作，负责《圣经》和福音书籍的印刷。他学习了法、德、俄语，以及汉语、满文和蒙古文等，还研读了中国的四书五经，中国乃至东亚历史、地理、科学、宗教、哲学和艺术等方面的书籍。他参与了江南制造局翻译馆的译书工作，与中国学者李善兰、华蘅芳、徐寿、徐建寅等人翻译了大量西方科学著作。

伟烈亚力　　　　　傅兰雅

3. 傅兰雅（J.Fryer，1839—1928），19世纪来华的英国圣公会宣教士、翻译家、报人、教育家和慈善家；近代西学东渐的巨擘，有"西学传播大师"之誉。在华35年中，有28年在江南制造局从事译书工作，翻译了大量的自然与社会科学著作；他还创刊了科学期刊《格致汇编》，并参与创办了"格致书院"，为向中国引进、传播和普及近代科学做出了杰出的贡献。为此清政府授予他"进士"和三品官衔，颁赐他"三等一级双龙宝星"。他还在中国创办了盲童学校和盲女学校。

4. 徐寿（1818—1884），清末化学家、翻译家。字生元，号雪村，江苏无锡人。在化学方面，译述有《化学鉴原》《化学鉴原补编》《化学鉴原续编》《化学考质》等书籍，参与了《化学材料中西名目表》和《西药大成中西名目表》两书的编译工作，系统地介绍了19世纪60年代至80年代国外化学知识。他对数理、矿产、汽机、医学等均有研究。编译有《西艺知新》《西艺知新续刻》《宝藏兴焉》《汽机发轫》《测地绘图》等书。他与华蘅芳人等合作，于1865年造出"黄鹄号"船一艘。1874年在上海创设格致书院，传播化学知识。

5. 华蘅芳（1833—1902），中国清末数学家、翻译家和教育家。字若汀，江苏常州金匮（今无锡市）人。出生于世宦门第，少年时酷爱数学，遍览当时的各种数学书籍。青年时游学上海，与著名数学家李善兰交往，李氏向他推荐西方的代数学和微积分。1861年为曾国藩擢用，和同乡好友徐寿（字雪村）一同到安庆的军械所，绘制机械图并造出中国最早的轮船"黄鹄号"。他曾三次被奏保举，受到洋务派器重，一生与洋务运动关系密切，成为这个时期有代表性的科学家之一。同治四年（1865），曾国藩、李鸿章合奏创设江南制造局，华蘅芳参加了该局的计划和开创工作。同治七年（1868），江南制造总局内开设翻译馆，华蘅芳为近代科学知识特别是数学知识在中国的传播，起到了重要的作用。

6. 李善兰（1811—1882），中国清朝数学家。字壬叔，号秋纫，浙江嘉兴海宁人。为中国近代数学家的前驱，清朝数学史上的杰出代表。他著述颇丰，主要著作都汇集在《则古昔斋算学》内，13种24卷，成为清朝数学史上的又一杰出代表。他一生翻译西方科技书籍甚多，将近代科学的几门知识如天文学、植物细胞学的最新成果介绍传入中国，促进了近代科学在中国的发展。他从事数学教育10余年，审定了《同文馆算学课艺》《同文馆珠算金鍼》等数学教材，培养了一大批数学人才。

徐寿　　　　　华蘅芳　　　　　李善兰

水学、热学、声学、光学、电学等册;《格致图说》丛书也有格物、重学、水学、热学、光学、电学等册。由傅兰雅主持的《格致汇编》也经常刊载介绍物理学知识的译文,某些重要译文还有单行本出版,如《测候器说》《格致释器》《量光力器图说》等。这些科普作品对于物理学知识的普及和传播也发挥了积极作用。

晚清时期在中国开展的近代物理学知识教育

19 世纪下半叶,中国虽然还没有出现专业化的物理学教育,但在相关教育活动中包含了一些物理学内容;尤其是 20 世纪初清政府实行学制改革后,物理学方面的教育内容逐渐增多。

1. 京师同文馆

京师同文馆

在洋务运动期间,清政府创办了一些新式学堂。不少学堂的教学活动都涉及一些物理学内容。清政府为培养急需的外交翻译人才,于 1862 年设立了京师同文馆。1866 年同文馆增设天文数学馆,这是中国学校正式讲授近代科学的开始。之后,该馆又逐步开设物理、化学、生理等课程。同文馆除聘请中国学者李善兰等人任教习外,还聘请西方人士丁韪良(W. A. P. Martin)、毕利干(A. A. Billequin)等人任教习。在物理教学方面,丁韪良译著的《格物入门》和《格物测算》是两本比较好的教材,两书都是采用问答式体裁。1866 年刊行的《格物入门》,有水学(流体力学)、气学(包括声学)、火学(包括热学和光学)、电学、力学、化学和算学共 7 卷。全书既有物理学最基本的知识介绍,也有一些简单的计算。1883 年刊行的《格物测算》是在《格物入门》算学一卷的基础上增补扩充而成,包括力学三卷及水学、气学、火学、光学和电学各一卷。该书的目的是通过"演题"以加深对物理学原理和规律的理解。《格物测算》首次将微积分知识应用于物理学,是明清时期唯一的一部以计算为主要内容的物理学著作。

2. 上海格致书院

1873 年 3 月，英国驻沪领事麦华陀倡议在上海设立一所专供中国人讲授科学技术的学校。

书院定名格致书院，其主旨是使

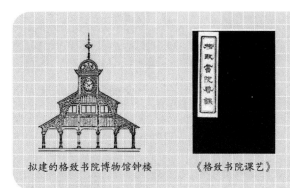

拟建的格致书院博物馆钟楼　　　《格致书院课艺》

"中国便于考究西国格致之学、工艺之法、制造之理"，而学生在书院中掌握了"格致机器、象纬舆图、制造建筑、电气化学"等科学技术，便能够"有益十时、有用于世"，达到"为国家预储人才，以备将来驱策"的目的。

三年以后，在 1878 年 6 月 22 日（光绪二年闰五月初一日），格致书院正式开幕。书院事务由中西人士组成的董事会管理。历任西人董事有麦华陀、傅兰雅、伟力亚烈、福弼士、玛高温等人；历任华人董事有唐廷枢、徐寿、华衡芳、徐建寅、王韬、赵元益、李平书等人。书院开张以后，日常事务多由徐寿负责。

书院内设书文房、知新堂等。后又添建博物馆，陈列各物，置备中西文各种精致书籍和各式格致器具。格致书院所展示的科学仪器和各式物品有：生长之物；食品之生料熟料；手工制造物及服饰等物；造屋之物料器具；工艺所用机器及汽机、水机、热机；水陆运输器具及开矿挖泥、起水通电、建桥筑塘各器；摄影及绘制各种图画之器；枪炮药弹水雷及各种战守器具；各式天文、地理、山川胜迹绘图照片及其他。

格致书院平常门院大开，任人进出观赏，成为上海普及科技常识的重要场所。格致书院从 1877 年开始举办科学讲座，1879 年开始招收学生。

书院由傅兰雅设计了内容相当全面的西学课程授课提纲，包括矿务、电务、测绘、工程、汽机、制造共六类，每类下面又设置几门到几十门课程。傅兰雅、徐寿、华衡芳、白尔敦等人在院授课。书院还推行了全新的考试制度，即季课与特课。考课，即论文比赛。季课始于 1886 年，止于 1894 年；特课始于 1889 年，止于 1893年，前后五年相继进行。书院的考课具有鲜明的特点，考题紧扣西学传播和时事国势；命题、阅卷、评定、发奖统请朝廷军政要员担任；评奖概以答卷水准为重，不看人头名声。历时几近十年的考课，大力推进了西方近代科学技术在中国的传播，从根本上改革了旧式科举教育模式，考课得到了积极的响应，仅获超、特、一等优胜者，就多达 1 878 人次，广布全国 10 多个省市。

科学仪器的展览、科学讲座的举办、科学人才的荟萃、新式考试办法的推行，使得格致书院成为当时中国少见的展示西方科学技术的窗口。戊戌政变以后，书院趋于冷寂，1913 年停办。

3. 登州文会馆

登州文会馆

登州文会馆是由美国北长老会传教士狄考文创办的私立学校，狄考文于 1864 年正月在登州（今蓬莱市）和先期到达的一对传教士夫妇在城西北观音庙办起了一座寄宿的"蒙塾"。1872 年，狄考文扩大了校舍，增加了课程。称前三年为"备斋"，后六年为"正斋"，"正斋视高等学堂之程度，即隐括中学与内；备斋视高中学堂之程度，而隐括蒙学与内"。1876 年，文会馆第一批共 3 名学生毕业。

学制方面分备科和正科，读书 9 年。由狄考文亲自编写课本，包括数学、物理、化学以及圣经、国学、英语；狄考文的妻子则讲授历史、地理、音乐等。1886 年文会馆的规模再次扩大，可以容纳100 多名学生。同时，还增加了木工、电工、车工等工艺课程；另外还有一些传教士讲授天文、逻辑等新课程。

登州文会馆是中国第一所教会大学，是中国最早的现代型大学，为中国早期高等学堂输送了大批师资力量。1876 年改称"文会馆"，1881 年开设大学预科，1882 年纽约长老会总部批准以 Tengchow College（登州学院）为学校英文名称，以"文会馆"作为中文名称。

义和团运动时，该学校遭到冲击和破坏。此后，校址迁往山东潍县，并改名为广文学堂。后在此基础上，发展成为如今著名的齐鲁大学。

4. 军事和机械技术学堂

清政府还创办了一些军事和机械技术学堂，如 1866 年建立了福州船政学堂；1867 年建立了上海机器学堂；1879 年建立了天津电报学堂；1880 年建立了北洋水师学堂；1885 年建立了天津武备学堂。1890 年建立了江南水师学堂等。在这些新式学校中，也都有传教士等西方人士任教，讲授自然科学、军事技术等课程。一般都开设了一些物理学门类的课程。如江南水师学堂的驾驶专业，学习科目有重学、格致；管轮专业的学习科目有气学、力学、水学、火学等。福州船政学堂开设的课程，除了英文、代数学、几何学、天文学、地质学和航海术之外，还包括动静重学、水重学、电磁学、光学、音学和热学等物理学内容；天津电报学堂开设的电磁学类课程最多，如电磁学、电测试、电力照明、电报设备、电报地理学、电报线路测量等。

福州船政学堂课本

5. 物理学教育的学制化

戊戌维新变法运动的冲击和八国联军的对华侵略战争，迫使晚清政府在 1901 年 8 月的"兴学诏书"中认识到"兴学育才，实为当务之急，废科举，兴学校成为不可抗拒的潮流"。1903 年晚清政府颁布《奏定学堂章程》，称"癸卯学制"，这是我国历史上第一个法定的并在全国施行的学制，它规定了从小学到大学的完整的学校教育体系。该学制颁发后，物理学以法定形式被系统地列入了大、中学校的教学科目中，并根据不同的学校和专业提出了不同的教育目的和要求。

这一时期对物理教育的地位和作用及规范有比较明晰的认识，初步形成了正确的物理教育思想。如《奏定学堂章程》中说："讲理化之义，在使知物质自然之形象并其运用变化之法则及与人生之关系，以备他日讲求农工商实业及理财之源。"显然认为物理教学的目的不仅要使学生认识物质自然现象并了解其变化规律及其与日常生活的关系，而且要作为以后学习实业之基础并发挥作用。《章程》中还就教科书的统一编写问题指出："查明规定各学堂年限钟点，此书共应若干日讲毕，卷叶应须若干，所讲之事，孰详孰略，孰先孰后，编成目录……咨送学务大臣审定,颁发各省……",使"各学堂皆无歧书，亦无参差"。具体到物理教学则要求"当先讲物理总纲，次设力学、音（声）学、热学、光学、电磁气（学）"。可见，新学制对物理教学，包括从教材的编写到教学内容的确定和课程体系的设置都有了统一规范的要求，这就从规章和制度上保证了物理教育的地位和作用。

随着《癸卯学制》的实施，中国近代物理学教育实现了学制化，以京师大学堂物理学教学为例，物理学的专业课程时数安排为：第一学年每周 7 小时，第二学年每周 14 小时，第三学年每周 17 小时，且物理实验三年不断。所使用的教材即前面所述王季烈重编《物理学》，该书基本涵盖了近代物理学各分支,如光学部分除几何光学外，还介绍了惠更斯波动学说以及干涉、衍射、偏振等物理光学的内容。无论从课程设置，还是从教材编写及教学内容上看，物理学教育的有关要求已与西方近代物理学的正规教育基本吻合。

晚清时期传入中国的近代物理学知识

19 世纪是西方近代科学全面发展的时期，以牛顿力学为基础的经典物理学形成了完整独立的学科知识体系，并成为近代自然科学的带头学科。物理学知识已不像明末清初那样随天文、数学知识附带传入，而是自成体系地传播。传入中国的物理学知识日益增多，尽管最新的理论引入偏少，但对有些知识的介绍还是比较及时的，如 X 射线的发现等。

1. 力学知识

艾约瑟和李善兰翻译的《重学》是 19 世纪下半叶系统介绍力学知识的重要著作。所谓"重学"即力学。该书包含静力学、动力学和流体力学三部分内容。在静力学部分，详细讨论了力、力的合成与分解、简单机械及其原理、重心与平衡、静摩擦等问题。在动力学部分，详细讨

开普勒望远镜

论了物体的匀加速运动、抛体运动、曲线运动、平动、转动，以及碰撞、摩擦、功和能等内容。其中关于牛顿运动三定律、用动量的概念讨论物体的碰撞、功能原理等，都是首次在中国得到介绍。在流体力学部分，简要介绍了流体的压力、浮力、阻力、流速等一般知识，其中包括阿基米德定律、波义耳定律、托里拆利实验等。

知识链接

1. 玻意耳定律：也称玻意耳－马里奥特定律，英国化学家波义耳（Boyle），在 1662 年根据实验结果提出："在密闭容器中的定量气体，在恒温下，气体的压强和体积成反比关系。"1676 年，法国物理学家马里奥特（Edme Marotte）也独立地得到了这一结果。

2. 哥白尼日心说：波兰天文学家哥白尼（Copernicus）1543 年在《天体运行论》里提出了日心宇宙模型：最远的是不动的恒星天球，是其他天体的位置和运动的参考背景；在行星中土星的位置最远，依次则是木星、火星、地球、金星，最后是水星，它离太阳最近；中央是太阳，它统率着围绕它转动的行星家族。在哥白尼以前，古罗马托勒密（C. Ptolemaeus）在 2 世纪提出的地心理论体系占统治地位：地球不动居于宇宙的中心，太阳、月球在偏心圆上直接绕地球运行，行星则在一个小圆（本轮）上运动，而本轮的中心才沿一个大圆（均轮）绕地球运动。哥白尼日心说的提出拉开了近代天文学革命的序幕。

哥白尼

3. 开普勒行星运动三定律：德国天文学家（J. Kepler）在 1609 年提出了行星运动第一、第二定律，在 1619 年提出了第三定律。行星运动第一定律（椭圆定律）：所有行星绕太阳的轨道都是椭圆，太阳在椭圆的一个焦点上。行星运动第二定律（等面积定律）：行星和太阳的连线在相等的时间间隔内扫过相等的面积。行星运动第三定律（调和定律）：所有行星绕太阳一周的时间的平方与它们轨道长半轴的立方成比例。

开普勒

伟烈亚力和李善兰翻译的《谈天》介绍了用牛顿力学理论分析日月五星运动、开普勒行星运动三定律、万有引力概念等力学内容。在《格物入门》"力学"卷中有："永无停止之器，人不能为之。"这可能是中文书籍中最早关于永动机的论述。此外，在翻译过来的日本学者饭盛挺造编纂的《物理学》中也有力学知识的系统介绍。

这些内容表明，包括哥白尼日心说和开普勒行星运动三定律在内的牛顿力学知识体系，基本上都传入了中国，但分析力学等更高一级的理论则未传入。

2. 热学知识

英国传教士合信编译的《博物新编》介绍了物质三态变化、抽气机的原理与构造、蒸汽机的原理与构造等知识，丁韪良译著的《格物入门》"火学"卷讨论了关于热的本质的物质说与运动说，该书还简单叙述了热的传导、辐射、对流传播方式。

上海江南制造局翻译馆出版的《物体遇热改易记》对热学知识做了比较全面的介绍。该书共四卷，前三卷分别阐述气体、液体和固体的热膨胀理论与实验，第四卷总结物体热膨胀公式，并论述物质受热膨胀的规律。关于气体定律、理想气体状态方程以及绝对零度等概念，在书中都有比较系统的介绍。该书的内容还涉及物体质

知识链接

1. 理想气体状态方程：又称理想气体定律、普适气体定律，是描述理想气体在处于平衡态时，压强、体积、物质的量、温度间关系的状态方程。其方程为 $pV=nRT$。p 是指理想气体的压强，V 为理想气体的体积，n 表示气体物质的量，而 T 则表示理想气体的热力学温度，R 为理想气体常数。此方程的变量很多，适用范围广，对常温、常压下的空气也近似地适用。

2. 绝对零度：绝对零度是热力学的最低温度，其热力学温标写成 K，OK 等于摄氏温标零下 273.15 度（-273.15℃）。物质的温度取决于其内原子、分子等粒子的动能。理论上，若粒子动能低到量子力学的最低点时，物质即达到绝对零度，不能再低。然而，绝对零度永远无法达到，只可无限逼近。因为任何空间必然存有能量和热量，也不断进行相互转换而不会消失。所以绝对零度实际上是不存在的，除非该空间自始即无任何能量和热量。

点的运动、受力与温度变化的关系、物质状态的变化与潜热的研究、晶体和非晶体受热后体积变化的规律等。

山东登州文会馆编译的《热学揭要》叙述了热效应与温度测量、物态变化、热传递、热膨胀现象及其规律等知识。

由这些内容可见，热学的一些基本知识也都传入了中国，但像热力学和分子运动论等比较高深的内容则几乎没有传入。

3. 声学知识

晚清时期传入中国的近代声学知识，以傅兰雅和徐建寅译述的《声学》内容为代表。该书比较准确地介绍了一些声学概念，如：振动（荡动）、声波（声浪）、振幅（动路）、频率（动数）、声速（传声之速率）、波长（浪长）、波腹（动点）、波节（定点）、声波的叠加（交音浪）、基音（本音）、泛音（附音）、声共振（放音）等，括弧中的词是翻译者当时使用的概念。该书各卷分别详细论述了：声的产生和传播、声的大小与振幅和频率的关系、声速与传声介质的关系；音的形成、乐器成音及其频率的测量、声频、多普勒效应；弦振动、弦的振动频率与弦的长度与直径以及密度（重率）的关系、弦振动频率与其所受张力（挂重）的关系、弦的基音与泛音振动；板振动、有固定点的板振动的频率与板的长度或半径的关系、板的基音与泛音振动；管内空气柱与簧片的振动、声音共振现象、管内空气柱的振动频率与管长的关系、开口管和闭口管的振动情况的异同；声波的叠加、声的干涉现象；振动的合成；利萨如（J. A. Lissajous）图形等。书中还涉及有关语言声学和生理声学的一些内容，并且介绍了欧洲许多物理学家在声学方面的实验和发现。

山东登州文会馆出版的《声学揭要》介绍了诸如扬声器（扬声筒）、听诊器（闻病筒）、声波记振仪（写声机）、留声机（储声机）等器具。

知识链接

1. 多普勒效应：奥地利物理学家多普勒（C. J. Doppler）发现，物体辐射的波长因为波源和观测者的相对运动而产生变化。在运动的波源前面，波被压缩，波长变得较短，频率变得较高（蓝移）；在运动的波源后面时，会产生相反的效应。波长变得较长，频率变得较低（红移）；波源的速度越高，所产生的效应越大。根据波红（蓝）移的程度，可以计算出波源循着观测方向运动的速度。由于是他在1842年首先发现的，所以称之为"多普勒效应"。在日常生活中我们能感受到多普勒效应：在铁路边，当一辆火车疾驶而来时，汽笛声越来越高亢；而在火车离去时汽笛声变得低沉。

2. 利萨如图形：法国数学家李萨如（J. A. Lissajous）发明了用来绘制两个互相垂直的简谐波的合成图的装置。在这个装置中，一束光被一面固定在音叉上的镜子反射，然后再被第二面固定在音叉上的镜子反射，两个音叉震动方向互相垂直，两者音高也经常被设置为不同，以取得不同的谐振频率。光束最后被投在屏幕上，得到了简谐波的合成图，后被称为"李萨如图形"。利用李萨如图形，已知一个振动的周期，就可以根据李萨如图求出另一个振动的周期，这是一种比较方便也是比较常用的测定频率的方法，它构成了许多仪器，如谐振仪等的基础。

李萨如　　　　　　　　　　　示波器显示的"李萨如图形"

4. 光学知识

艾约瑟和张福僖译述的《光论》首次系统地介绍了许多几何光学知识，如光的直线传播、平行光概念、照度、球面镜成像、反射定律、折射定律、临界角、全反射现象、海市蜃楼成因、光速及其测定方法、棱镜色散和太阳光谱、眼睛的结构与视觉原理、牛顿色盘等，书中还附有正确的光路图。

《博物新编》第一集中，有关于光与视觉的关系、光的行为、光与色、大气中的各种光学现象、光的传播与光速的测定等内容，并且还有关于反射镜成像、透镜成像、显微镜、眼睛视物成像、棱镜色散等方面的图示。

《格物入门》"火学"卷简单讨论了光的以太说，以及光的干涉现象。金楷理和赵元益译述的《光学》系统论述了几何光学和波动光学内容。其中几何光学内容包括：光线及其直线传播、照度定律、光速测算、反射和各种镜面成像、折射和各种透镜成像、眼睛的视觉原理和眼镜等。波动光学内容包括：光的粒子说与波动说、光的以太传播说、光波（光浪）、用波动说解释照度定律、反射和折射定律、棱镜色散、光的颜色与波长的关系、色觉原理、光谱及其应用、光的衍射、产生衍射的方法、衍射条纹的明暗与光程差的关系、利用衍射条纹测算光波波长；光的干涉、等厚干涉、等倾干涉、牛顿环的单色光干涉；晶体的双折射、偏振光、晶体的光轴、用反射、折射和双折射法产生偏振光、偏振光的干涉与合成、偏振面的旋转、椭圆与圆偏振光、晶体的旋光性等。

此外，山东登州文会馆编译的《光学揭要》在介绍光谱的应用时，讨论了多普勒效应引起的恒星光谱红移现象。关于各种光学仪器也有介绍，丁韪良在《中西闻见录》上撰文介绍了赫歇尔望远镜、分光镜；傅兰雅也编著了介绍望远镜、显微镜、照相机的小册子；金楷理和赵元益译述的《视学诸器说》叙述了多种光学器具。

5. 电磁学知识

晚清时期，电磁学在中国传播的主要内容是基础知识和有关无线电报的知识。1851年印行的《博物通书》简要介绍了电磁学和电报的初步知识，内容包括摩擦起电和静电现象、摩擦起电机的构造和使用，电池的制法和运用、磁现象、电流的磁效应和电磁铁、电磁感应及其应用、电报机及通信电缆的利用等。

傅兰雅和徐建寅译述的《电学》比较全面地论述了电磁学内容，该书共十卷，其标题依次为：摩电气、论吸铁气、论生物电气、论化电气、论电气吸铁、论吸铁气杂理、论吸铁电气、论热电流、论电气报、论电气时辰钟及诸杂法。受中国古代元气自然观的影响，译者将电磁现象看作是自然界的"气"在发生作用，因此将一些电磁学概念都加上了一个"气"字。该书比较系统地叙述了静电现象、磁现象、生物电流、电流的化学效应、热效应和磁效应、电磁感应、

知识链接

伦琴

1. 克鲁克斯管是一种能减少阴极加热器耗电的阴极射线管，将电信号转变为光学图像的一类电子束管。人们熟悉的电视机显像管就是这样的一种电子束管。它主要由电子枪、偏转系统、管壳和荧光屏构成。阴极射线管能提供聚集在荧光屏上的一束电子以便形成直径略小于1毫米的光点。在电子束附近加上磁场或电场，电子束将会偏转，能显示出由电势差产生的静电场，或由电流产生的磁场。19世纪末，物理学家用阴极射线管做实验，发现了X射线和电子。

2. X射线的发现：做出这一伟大发现的，是德国物理学家伦琴（W. K. Rontgen）。1895年底，伦琴研究阴极射线管中气体的放电过程。为防止管内的可见光漏出管外，用黑色硬纸板把放电管严密封起来。在接上高压电流进行实验时，他发现1米以外的一个荧光屏发出微弱的闪光。这一新奇的现象无法用阴极射线的性质加以解释，因为阴极射线只能在空气中行进几厘米，不能使1~2米远的荧光屏闪光。经过反复试验，他确认阴极射线管会发射一种新的射线，因其性质不明，暂名为"X射线"。实验表明，X射线具有比阴极射线强得多的穿透能力，只有铅等少数物质对它有较强的吸收能力。伦琴用X射线为夫人照了手骨像，手骨和手指上的结婚戒指都十分清晰。伦琴把他的新发现公之于众，引起了轰动。他因此获得1901年度的诺贝尔物理学奖。

数字X射线设备

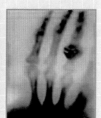

伦琴用X光为夫人
拍摄的手骨照

电报等基础知识。

徐兆熊翻译的《电学测算》重点讲述了电磁学的计算理论。分章论述了电学基本概念的定义、欧姆定律、电阻与电导、分电阻与总电阻、电路的连接、功与功率、电池、发电机与电动机等内容。书末有各章的提要及公式，每章末尾都有习题，书中附有15个物理单位及各种物理数据表。

　　傅兰雅和王季烈翻译的《通物电光》虽然主要介绍的是 X 射线的产生装置及 X 射线的性质，但也包含了许多电磁学方面的知识，其中介绍了电压、电流、电量、电阻、电功率、电容等单位的定义，感生电流（附电气）以及螺线管、感应圈等电学实验常用器具；产生电流的各种方法，发电机、变压器、各种克鲁克斯管以及电路的连接等。另外，卫理和范熙庸译述的《无线电报》也比较详细地叙述了有关无线电报的实验和应用方面的知识。

参考文献

［1］蔡宾牟，袁运开．物理学史讲义——中国古代部分［M］．北京：高等教育出版社，1985.

［2］戴念祖，张蔚河．中国古代物理学［M］．北京：商务印书馆，1997.

［3］胡化凯．物理学史二十讲［M］．合肥：中国科学技术大学出版社，2009.

［4］王锦光，洪震寰．中国古代物理学史略［M］．石家庄：河北科学技术出版社，1990.

［5］舒恒杞．中国物理学史［M］．长沙：湖南大学出版社，2013.

［6］张瑞琨．近代自然科学史概论（上册）［M］．上海：华东师范大学出版社，1985.

［7］蔡宾牟，袁运开．试论中国古代物理学的产生、发展及其特点［J］．华东师范大学学报（自然科学版），1981（5）．

［8］戴念祖．中国物理学史略［J］．物理，1981（10）．

［9］罗建明．中国古代发明中的物理学原理赏析［J］．物理通报，2012（11）．

［10］施若谷．晚清时期西方物理学在中国的传播及影响［J］．自然辩证法研究，2004（7）．